미래와 과학

미래와 과학

우리의 삶은 어떻게 바뀌는가

이근영 · 권오성 · 남종영 · 음성원 · 김정수 지음

인물과
사상사

머리말

인간은 늘 미래에 관심이 많았다. 미래는 때로 불확실성으로 삶의 안정을 위협하는 괴물이었다가, 때로 무궁한 가능성으로 희망을 주는 구원자이기도 했다. 인간은 미래의 위험을 최소화하고자 통계니, 확률이니, 분산투자니 하는 다양한 기법을 만들어냈다. 미래의 희망을 극대화하고자 이야기나 신화, 예언 등을 고안해냈다.

지금 시대에 미래에 대한 관심이 특별한 구석이 있다면, 그것이 '브랜드'가 되었다는 점일 것이다. 구글의 인공지능 '알파고'의 충격이 미래에 대한 관심을 격발시켰고, 일론 머스크의 '테슬라' 전기자동차 · 태양전지 제품이 사람들을 열광시킨다. 세계경제포럼의 클라우스 슈바프 회장은 이 시대의 이런 특별한 관심을 모아 '제4차 산업혁명'이라는 이름으로 브랜드화시켰다. 우리나라의 제19대 대통령 선거에서 제4차 산업혁명은 여러 화두 가운데 중요한 한 축을 담당했다. 여러 대통령 후보는 국가의 발전과 미래에 관심이 있는 후보라면 응당 그러해야 한다는 듯이 제4차 산업혁명 공약을 중요하게 다루었다.

야누스적인 미래를 이야기하는 일은 늘 특별한 주의를 요구했다. 역사에서 용감한 예언자가 왕의 박해를 받은 일은 비일비재했다. 통계 과학 등 뛰어난 예측 기술이 전쟁 무기 등의 위험한 용도로 쓰인 일도 많았다. 미래에 대한 이야기는 그에 걸맞은 노력과 책임이 필요했다. 쉽게 입에 오르거나 글로 옮겨진 이야기는 강자의 이해에 복종하거나 혹세무민하는 경우도 많았다.

『한겨레』 미래팀은 이런 우를 범하지 않고자 '미래'를 말하면서 이를 '과학'으로 풀고자 했다. 이 책은 그 무모하지만 진지했던 노력의 기록이다. 미래를 가늠해보고자 했던 과학 저널리스트 나름의 노력을 모아서 엮었다.

그렇다고 이 말이 그 관심의 영역을 과학에 국한했다는 뜻은 아니다. 과학은 방법론에 가까웠으며 우리는 과학뿐 아니라 기술, 생활, 의료, 환경, 생태 등 기본적으로 우리의 미래에 영향을 미칠 수 있는 중요 주제들은 분야에 구애받지 않고 최대한 탐구하고자 했다. 제한이 있었다면 단지 우리의 역량이 기대를 만족시키지 못했기 때문일 따름이다.

이런 탐구는 '아마존의 노동 없는 기계 제국'에서부터 사람들의 입속으로 들어가는 '바닷속의 플라스틱 알갱이'까지 다양한 영역에 대한 탐험으로 이어졌다. 인공지능 기술은 우리의 특별한 관심 대상이었다. 바둑 최고수 이세돌을 꺾은 인공지능 알파고가 사회에 불러온 관심이 우리의 시작에 상당한 영향을 미쳤음을 부인할 수는 없다. 바둑에 이어 차세대 도전 게임으로 꼽힌 '스타크래프트'의 인공지능과 대결을 펼쳤고 소설을 쓰는 인공지능을 만나러 일본으로 건너갔으며, 인간을 압도하는 인공지능 번역의 현 주소를 살폈다. 물론 지금 시대 기술의 빠른 발전 속도는 인공지능에 국한되지는 않는다. 유전자, 로봇, 우주선, 바이러스 등 여러 영역이 놀라운 혁신을 이루고 있으며, 이런 여러 기술의 공진화가 슈바프가 말하는 제4차 산업혁명의 핵심 특징 가운데 하나다.

이런 혁신은 이제 우리 삶 속으로 깊숙이 들어오고 있다. 지금을 '미래 혁명의 시기'라고 부른다면, 그 중요한 특징 가운데 하나가 그 영향과 책임이 탈집중화·분산화되어 우리의 일상과 선택과 연결되어 있다는 점을 꼽을 수 있을 것이다. 우리의 건강과 연결되는 의료 빅데이터, '닥터 인공지능'부터 식생활의 변화를 가져오는 '미래식', 일상 속의 원자재 '도시광산'까지 여러 미래 기술의 성공과 실패는 우리의 선택에 달려 있다.

미래와 과학

이 모든 혁신이 의미를 지니려면 무엇보다 중요한 것은 지구와 우리의 공존이다. 인간에 의한 자연환경의 파괴와 지구온난화가 몰고 올 파국에 대한 과학계의 기본적인 합의조차도 위협받고 있는 시대다. 미국 도널드 트럼프 대통령은 노골적인 부정과 역주행 정책으로 지구온난화의 위협을 조롱하는 지경이다. 우리는 이런 '사이비 과학'의 위협에 맞서 뜨거운 지구, 핵 쓰레기의 위험, 지진의 위협 등에 대해서도 탐구했다.

이 글들은 매주 과학적 엄밀성과 독자의 관심 사이에 황금률을 찾고자 했던 우리의 노력의 산물이다. 미흡한 성과였지만 기술과 과학이 생활과 생태와 엮어서 복합적으로 펼쳐지는 모습을 담고자 했던 저널리즘 영역의 독특한 노력이라는 점을 위안 삼아 책으로 엮어낸다. 이 과정은 자신의 분야에서 묵묵히 진짜 혁신을 일구어가고 있는 여러 과학자, 기술자, 스타트업 창업자 등의 도움과 조언이 없었다면 불가능했을 것이다. 이 책에 등장하는 모든 전문가와 등장하지 않지만 이 여정을 가능하게 했던 모든 분에게 감사의 인사를 드린다.

2018년 2월
『한겨레』 미래팀

차
례

FUTURE & SCIENCE

1

지진

한반도는 지진에 안전한가?

우리 집이
안전하지 않다

2016년 7월 5일 울산시 동구 동쪽 해상 52킬로미터 지점에서 규모 5.0의 지진이 발생했다. 가까운 울산과 부산에서뿐만 아니라 전국에서 진동이 감지되었다. 119 등에 들어온 신고 건수는 서울에서만 54건, 전국적으로는 7,918건에 이른다. 다행히 진앙지가 바다여서 지진으로 인한 피해는 1건도 접수되지 않았다.

2개월 뒤인 9월 12일 내륙인 경북 경주시에서 발생한 규모 5.8의 지진은 상황이 완전히 달랐다. 경주 일대에서는 상가 유리창이 깨지고 담벼락과 기와지붕이 붕괴되었다. 불국사 대웅전 지붕과 오릉 담장 일부 기와가 떨어지고, 석굴암 진입로에 낙석이 발생했다. 첨성대의 꼭대기 돌도 심하게 기울어졌다. 지진동地震動은 전국에서 감지되었다. 부산에 있는 80층 고층 건물이 흔들리고, 서울에서도 3~5초 동안 건물이 흔들리는 것이 느껴졌다.

한반도가 더는 지진 안전지대가 아닌 것으로 확인되면서 많은 사람이 지진이 내가 머무는 곳에서 발생하면 우리 집이나 우리 회사 건물은 안전할지 불안해한다. 우리 집, 우리 회사 건물, 우리 학교는 내진 설계가 되어 있는지 궁금증도 커지고 있다.

2015년 12월 국민안전처가 공공시설물에 대한 내진 성능 확보 현황을 전수 조사한 결과를 보면, 내진 설계 대상 시설물 11만 6,768동 가운데 내진이 적용된 곳은 5만 3,206동으로 45.6퍼센트에 그쳤다. 다목적댐과 리프트는 100퍼센트, 원자로와 관계시설도 98.4퍼센트로 높은 반면 놀이동산 등 유기시설은 13.0퍼센트, 학교시설은 23.7퍼센트만 내진 설계가 적용되어 있는 것으로 조사되었다. 심지어 지진이 발생했을 때 재난 상황을 종합 지휘해야 할 지역재난안전대책본부와 종합상황실 268곳 가운데 내진 성능이 확보된 곳은 158곳(59퍼센트)에 불과한 형편이다. 민간 건축물의 내진 설계율은 이보다 못 미쳐 29.1퍼센트에 그친다.

우리 집이 내진 설계가 되어 있는지는 언제 지어졌는지에 따라 달라진다. 우리나라는 일찌감치 1962년 건축법을 제정할 당시 "건축물은 지진에 대하여 안전한 구조를 가져야 한다"고 명시했지만, 시행령이 없어 실효가 없었다. 실질적으로 내진 설계가 의무화된 것은 1988년 관련 규정이 마련되면서지만, 당시에는 규모 5.0 지진에 대해 6층 이상, 연면적 10만 제곱미터 이상 건물에만 적용되었다. 내가 사는 아파트가 88서울올림픽 이전에 지어진 것이라면 내진 설계가 안 되어 있다고 보아야 한다.

이후 국내외 지진 발생이 늘어나면서 규정도 점차 강화되어왔다. 1996년에는 면적이 1만 제곱미터로 축소되었으며, 2000년에는 엘리베이터가 없는 5층 건물이 포함되었다. 2005년에는 1,000년에 1회 발생할 정도의 지진 규모인 5.5~6.5 지진에 대한 내진 성능을 갖추되 3층 이상, 면적 1,000제곱미터 이상 건물로 크게 강화되었다. 2017년 1월부터 2층 이상, 면적 500제곱미터 이상 건물로 기준이 한 단계 더 높아졌으며, 12월에는 모든 주택과 2층 이상, 면적 200제곱미터 이상 건물로 강화되었다.

자신이 머물고 있는 건물의 준공 연도는 정부민원포털 민원24minwon.go.kr에서 건축물 대장을 무료로 열람하면 알 수 있다. 대법원 인터넷등기소iros.go.kr에서 등기부등본을 발급받는 방법도 있지만 유료다. 간단한 방법으로는 엘리베이터가 있는 건물은 엘리베이터에 있는 QR코드를 이용할 수 있다. 스마트폰 앱으로 QR코드를 읽으면 간단한 정보가 뜨는데, 상세more 버튼을 누르면 엘리베이터 설치일이 나와 건물 준공 시기를 추정할 수 있다. 다만 엘리베이터를 전면 교체했다면 최초 준공일을 추산하기 어렵다. 가령 내가 사는 아파트가 2006년에 지어진 15층짜리라면 내진 설계 의무 대상이다.

하지만 내진 설계를 의무적으로 적용해야 하는 건물이라는 것과 실제 공학적 의미로 내진 성능을 지녔는지는 다른 문제다. 현재는 건축물 대장을 발급받아도 실제로 내진 설계가 되어 있는지, 내진 성능이 제대로 확보되어 있는지 알 수 없다. 서울시가 '건축물 내진 성능 자가 점검'이라는 홈페이지http:// goodhousing.eseoul.go.kr/SeoulEqk/index.jsp를 개설했지만 건물 구조나 노후도 등 전문가가 아니면 입력하기 어려운 요소들을 입력해야 평가해주는 프로그램이어서 일반인은 사실상 점검이 어렵다.

지진에 취약한
필로티 구조 건물들

내진 설계란 지진에 저항하도록 하는 설계를 말한다. 여기에는 항진, 격진, 감진 등 3가지 방법이 있다. 일본식 한자어로는 각각 내진, 면진, 제진이라 표현한다. 항진은 지진에 힘으로 버티는 것을 말한다. 내진 설계라 하면 대부분 이 항진에 대해 구조적으로 버티도록 건물의 골격을 튼튼히 건설하는 것을 가리킨다. 격진은 어느 한 층에서 지진을 차단시키는 것으로, 이를테면 건물을 얼음판 위에 올려놓는 셈이다. 땅이 흔들려도 베어링이나 고무를 설치한 면진층이 충격을 흡수해 나머지 층에는 지진력이 전달되는 것을 차단하는 방식이다.

감진은 감쇠·베어링 등 완충장치를 건물에 집어넣어 힘을 분산시키는 방식을 쓴다. 자동차의 완충장치인 쇼크업소버(이른바 쇼바)처럼 바퀴가 자갈밭을 지나도 차체는 흔들리지 않는 것과 같은 원리로, 지진에 땅은 흔들려도 건물은 흔들리지 않도록 하는 것을 말한다. 소나무는 땅이 흔들리면 함께 움직이지만 부드러운 갈대는 흔들리지 않는 것과 같은 이치다.

격진이나 감진은 설치하는 데 비용이 많이 들어가기 때문에 국내에도 극히 일부 건물에 적용되어 있다. 유명 연예인들이 계약해 이름이 널리 알려진 서울 강남구의 고급빌라는 건물과

지면 사이나 건물 층간에 면진 고무장치가 설치되어 있는 것으로 알려져 있다. 재벌 총수 등이 소유한 것으로 알려진 서울 서초구의 고급주택은 규모 7.0의 강진에도 견딜 수 있도록 내진 설계가 되어 있다. 이들을 제외한 나머지 건물들은 대부분 항진, 곧 내진 설계를 하는 데 그친다.

한국건설기술연구원 건축도시연구소 유영찬 소장은 "내진 설계는 수직 하중이나 바람에 대한 저항력 등 기존에 작용하던 힘에 지진이 지반을 움직이는 힘을 더해 계산된다. 철근 몇 개를 더 넣은 것이 중요한 게 아니라 기존 건축 부재들이 지진이 흔드는 힘을 잘 견디도록 촘촘히 엮어주는 상세(디테일) 설계가 중요하다"고 말했다. 문제는 설계사무소가 작성하는 건물 설계는 감리를 받지만 건축 현장에서 상세 설계대로 시공하는 것은 다른 사안이라는 데 있다. 유영찬 소장은 "철근 간격을 가지런히 맞추고 갈고리(훅)로 엮어주어야 한다. 2005년 3층 이상으로 내진 설계가 강화되었지만 3~5층짜리 집을 짓는 영세업체들이 현장에서 상세 설계대로 시공을 했을지는 의문"이라고 말했다.

특히 최근 유행하는 필로티 구조 건물들은 지진에 취약할 수 있다. 1층에는 기둥보만 세워 주차장으로 사용하고 2층 이상은 아파트식의 건물을 꽉 채워 올려놓는 형식의 건물들은 내진 설계 범위의 지진이 오더라도 지진 파괴가 약한 곳, 곧 기둥

지진 _____

필로티 구조 건물은 지진에 취약하다. 지진 파괴가 약한 곳인 기둥보 쪽에서 발생하기 때문에 붕괴 위험이 크다. 2017년 11월 15일 포항에서 발생한 지진에 필로티 구조물이 붕괴되었다.

보 쪽에서 발생하기 때문에 붕괴 위험이 상대적으로 크다는 것이다.

지진이 일어났을 때 내진 설계가 된 건물과 그렇지 않은 건물 안에서 대처하는 방법이 달라지지는 않는다. 인천대학교 도시건축학부 박지훈 교수는 "건축물의 내진 설계 여부에 따라 행동 요령을 구분하는 것은 현실적으로 어렵다. 내진 설계는 건축물이 붕괴하지 않고 버티도록 설계하는 것이지 특정한 피난 경로를 확보하도록 설계하는 것이 아니다"라고 했다. 유영찬 소장은 "지진의 지속 시간은 아주 짧아 진동을 느끼는 순간 우선적으로 천장에 부착된 조명·냉방 장치, 마감재가 떨어지는 것에 대비해 책상이나 탁자 밑에 들어가는 것이 중요하다. 지진이 멈춘 뒤에는 건물 밖으로 빨리 빠져나와야 한다"고 말했다.

지진 도달 10초 전에 알면
사망자가 90퍼센트 줄어든다

2016년 8월 30일 울산시 태화강에서 숭어떼 수만 마리가 일렬로 줄지어 이동하는 모습이 동영상에 잡혔다. 7월 24일에는 부산시 광안리에서 개미들이 떼지어 움직이는 광경이 SNS에 올라왔다. 그 3일 전에는 부산시 해운대구 일대에서 가스냄새 소동이 빚어졌다. 9월 12일 경주시에서 규모 5.8의 지진이 발생하자 이들 사건은 '전조 현상'으로 둔갑한다. 하지만 지진과 동물의 행동 사이에 어떤 인과관계가 있는지 밝혀진 바 없고 지진 때 항상 일어나는 일도 아니어서 이상 현상이 과학적 예측 수단일 수는 없다.

지진을 예견할 수는 없지만 발생한 지진을 신속하게 알려 피해를 줄일 수는 있다. 이른바 '지진조기경보' 개념이 등장한 건 19세기 중엽이다. 1868년 미국의 제임스 쿠퍼 박사는 『샌프란시스코데일리』 사설에 "아주 단순한 기계적 장치(지금의 지진계)를 샌프란시스코 주변에 깔아놓으면 파괴적인 지진이 전기 신호를 일으켜 시 중앙탑에 달아놓은 비상벨을 자동으로 울리게 할 것"이라고 주장했다.

지진조기경보 시스템은 2가지 원리에 근거한다. 빛의 속도인 전자파가 지진파보다 빠르다는 것과 지진파의 파형에 따라 속도가 다르다는 것이다. 단층이 깨지면서 발생하는 지진은 속도가 다른 2가지 파형을 만들어낸다. P파는 시속 6~7킬로미터, S파는 시속 3~4킬로미터다. 한국지질자원연구원이 분석한 한반도 상부지각의 P파 평균속도는 5.98㎞/h, S파는 3.42㎞/h이다. 종파인 P파에 비해 횡파인 S파는 상대적으로 큰 피해를 일으킨다. 지진조기경보 시스템의 목적은 P파를 먼저 관측한 뒤 S파가 도착하기 전에 도달 시간과 지진 규모를 예측해 경보를 발령함으로써 피해를 줄이려는 데 있다.

일본 도쿄대학 국제도시안전공학센터장인 메구로 기미로 교수는 지진 발생 이전에 경보를 발령하는 시간과 인명 피해의 관계를 발표한 바 있다. 그는 지진조기경보를 받고 나서 지진동이 발생하는 시점까지의 '유예 시간'이 2~20초일 때 사망·중상·경상·무상해가 발생할 확률을 계산했다. 경보가 없을 때 피해 100퍼센트를 기준으로 유예 시간이 2초이면 사망자 비율은 25퍼센트가 줄어 75퍼센트가 된다. 유예 시간이 10초이면 사망자 비율은 10퍼센트가 되고, 20초이면 5퍼센트까지 떨어진다. 어느 도시에서 100킬로미터 떨어진 곳에서 지진이 일어났을 때 조기경보를 받지 못해 100명의 사망자가 발생할 상황이라면, 조기경보가 발령되어 지진동이 도달하기 10초 전에 대비할 수 있을 경우 사망자가 10명에 그칠 수 있다는 이야기다.

지진조기경보 시스템을 처음 시도한 나라는 일본이다. JR은 1960년대 고속철 신칸선 개통 때 지진이 발생하면 신호를 받아 수동으로 열차를 멈추는 시스템을 도입했다. 1990년대 들어서는 P파와 S파의 차이를 이용한 조기경보 시스템 '유레다스 UrEDAS'를 개발했다. 2004년 10월 23일 신칸선 선로 인근에서 규모 6.6의 주에쓰지진이 발생했을 때 가장 가까운 변전소의 유레다스 시스템에 감지되었다.

P파가 관측된 지 1초 만에 경보를 발령해 운행 중인 열차

지진

의 전원을 차단했다. 열차의 속도가 줄고 있는 사이 S파에 의해
선로가 심하게 훼손되고 일부 객차가 탈선했다. 신칸선 운영
40년 만에 처음 있는 탈선이었지만, 승객 155명 가운데 다친 사
람이 1명도 없었다. 전원이 차단되지 않았다면 탈선 사고뿐만
아니라 반대편 열차가 구간 안으로 들어와 충돌이 발생할 수도
있는 상황이었다.

　　제임스 쿠퍼 박사의 아이디어를 일반 대중에게 처음 서비
스한 나라는 멕시코다. 판 경계부인 멕시코 서부 해안에서
1985년 9월 19일 규모 8.1의 지진이 발생했다. 320킬로미터나
떨어진 멕시코시에서 1만여 명이 사망하고 3만여 명이 부상했
다. 멕시코시는 호수를 메워 만든 도시여서 연약층에서 지진파
가 증폭되어 막대한 피해가 일어난 것이다. 멕시코는 이를 계기
로 조기경보시스템SAS을 구축했다.

　　멕시코시 서남쪽으로 280킬로미터 떨어진 지진 다발 지역
게레로주Guerrero州에서 지진이 발생한 뒤 멕시코시에 큰 지진동
이 오기까지 90초가량 걸린다. 사스는 60초 이내 조기 발령하는
시스템이어서 멕시코시에서는 30초의 여유가 생긴다. 1995년
9월 14일 게레로주 코팔라에서 규모 7.3의 지진이 발생했을 때
사스는 멕시코시에서 큰 지진동이 일어나기 72초 전에 라디오
방송을 통해 조기경보를 발령했다. 50초 전에는 지하철을 정지
시키고, 학생들을 계획대로 모두 대피시켰다.

미국 캘리포니아 등 서해안에는 2015년 영화 제목으로도 쓰인 '샌앤드레이어스 단층'이 있다. 대륙판인 북미판과 해양판인 태평양판이 맞닿아 지진이 자주 발생하는 곳이다. 미국 지질조사국USGS은 2008년부터 조기경보 시스템 '셰이크얼러트'를 개발하고 있다. 2012년 실험판을 내놓은 지 4년 만에 2016년 2월 시제품(프로토타입) 단계까지 진전되었다. 시스템이 완성되면 시민들은 지진이 발생했을 때 모니터나 스마트폰 화면을 통해 몇 초 뒤에 지진이 자신의 위치에 도달할지 초 단위로 볼 수 있게 된다.

우리나라가 지진조기경보 시스템을 도입한 것은 2007년 오대산 지진이 계기가 되었다. 그해 1월 20일 저녁 8시 56분 53초에 규모 4.8의 지진이 강원도 평창군 북북동쪽 39킬로미터 지역(오대산)에서 발생했다. 지진동은 서울에서도 느껴질 정도로 컸다. 하지만 기상청의 지진 속보는 지진 발생 2분 뒤에 발표되었으며, 텔레비전에 자막이 보이기 시작한 건 12분이 지나서였다. 기상청은 2008년 '국내 최적 지진조기경보체제 구축 방안'을 마련했으며, 지진 관측 50초 안에 조기경보를 발령할 수 있는 시스템 개발을 2015년 완료했다.

조기경보 시스템은 2016년 울산과 경주에서 발생한 세 차례의 규모 5.0 이상 지진 때 처음으로 경보를 발령했다. 하지만 경보 발령은 울산 지진 때 관측 뒤 27초가 걸리고, 경주 지진 때는 26~27초가 걸렸다. 지진 발생 시점 기준으로는 울산은 38초, 경주는 31초(전진)와 29초(본진)가 걸렸다. 발령 시점에 이미 지진동은 100킬로미터 지점까지 다다른 셈이다. 기상청은 2018년까지 내륙에 지진이 발생할 경우 관측 뒤 발령 시간을 10초 이내로 줄이겠다는 계획이다.

핵폐기물

원전 폐기물을 어떻게 처리해야 할까?

사용후핵연료를
땅에 묻는 이유

1879년 스페인 북동부 한 시골에서 5세 소녀가 들소가 그려진 동굴벽화를 발견했다. 소녀의 손에 이끌려 동굴을 본 아버지는 단박에 예사롭지 않은 그림임을 알아챘다. 변호사이면서 고미술품 수집가이기도 한 그는 고고학회에서 벽화가 구석기시대에 그려졌다는 주장을 폈다. 하지만 그림이 너무 생생하고 보전이 잘 되어 있어 그의 가설은 살아생전에 학계에서 받아들여지지 않았다. 세월이 흘러 주변의 많은 동굴에서 비슷한 그림들이 발견되고 나서 그의 추론은 사실로 밝혀졌고, 벽화는 3만 년에서 2만 5,000년 전 구석기시대에 그려진 것임이 검증되었다. 이 알타미라 동굴벽화가 당시 구제역 같은 전염병에 걸린 동물들을 파묻고 후세에게 접근을 금지하기 위해 만든 '들소의 무덤' 경고 표식이라면?

인류의 진화와 문명의 선형적 발달을 배운 사람들한테 알타미라 동굴벽화가 절대 그런 표지로 읽힐 리 만무하다. 하지만 우리는 3만 년 전 현생인류(호모사피엔스사피엔스)가 우리에게 그림을 남겼듯이 수만 년 뒤 지구에서 살고 있을 후대 인류에게 사용후핵연료(핵쓰레기) 처분장 표식을 남겨야 한다. 원자력발전소에서 원료로 태우고 남는 사용후핵연료는 맹독성 방사성 물질 덩어리여서 땅속에 1~10만 년을 묻어두어야 한다.

경수로는 우라늄(U-235와 U-238)으로 만든 연료봉을 3년 동안 태우고 나서 폐기물로 끄집어낸다. 여기에는 플루토늄(Pu-239)과 넵투늄(Np-237), 아메리슘(Am-241) 등 고독성의 초우라늄원소(TRU) 등이 포함되어 있다. 우라늄도 여전히 93퍼센트가량이 남아 있다. 이들 원소의 산화물이 먼지 형태로 공기 중에 떠 있다가 사람들이 호흡할 때 허파에 들어가면 암을 유발할 수 있다. 고독성이라는 것은 이들 핵종核種에서 나오는 방사선이 사람 몸에 쬐었을 때 피해가 막심하다는 것을 말한다. 이들 원소의 독성이 반으로 줄어드는 반감기가 상상을 뛰어넘는다. 플루토늄-239는 2만 4,000년, 넵투늄-237은 200만 년, 아메리슘-241은 430년이다. 우라늄-235는 7억 년, 우라늄-238은 지구 나이와 비슷한 45억 년이다.

왜 사용후핵연료를 땅속에 묻어야 하는 기간이 1~10만 년일까? 한국원자력연구원 방폐물처분연구부 최희주 책임연구원은 "1980년대 스웨덴에서 원전을 도입할 때 사업자가 사용후핵연료 처리 방안에 대한 답변을 해야 했다. 사업자는 핵연료가 붕괴를 거듭해 자연 상태의 우라늄 수준으로 돌아가려면 10만 년 정도 필요하고 그동안 핵연료 폐기물을 부식하지 않는 용기에 넣어 처분하면 오염되지 않을 것이라고 답변한 데서 유래했다"고 말했다. 그 뒤 스웨덴 사업자가 인허가 과정에 처분 용기 수명이 10만 년이라는 것을 입증하기 어려워한 경험을 보고 핀란드에서는 용기 수명을 1만 년으로 바꾸었다. 우리나라는 2016년 공포한 고시에 수명이 '수천 년'으로 표현되어 있다.

우주 역사나 지구 역사와 비교하면 수천 년은 찰나에 불과하지만, 인류 역사로는 짧은 기간이 아니다. 현생인류가 출현한 게 4만 년 전이다. 신석기가 시작한 건 1만 년 전, 문자가 발생한 지는 4,000~5,000년밖에 안 되었다. 글자로 위험을 알리는 데는 한계가 있다. 이집트의 상형문자는 고고학자들이 무덤을 파헤치는 데 경고로 작동하지 못했다. 세종대왕 덕에 현대 한국인은 한글을 쓰고 있지만 600년이 채 안 되었음에도 『용비어천가』를 술술 읽을 사람은 많지 않을 것이다.

'망각된
프로메테우스'

맹독성인 '사용후핵연료 무덤' 표시를 어떻게 해야 할까? 2007년 국제표준화기구ISO와 국제원자력기구IAEA는 1946년에 도입되었던 노란색 클로버 모양인 '전리방사선 위험경고' 로고를 빨간색의 새로운 디자인으로 바꾸었다. 기존 방사선 로고와 함께 해골을 보고 달아나는 사람의 형상을 담고 있다. 하지만 해골은 19세기 해적들이 즐겨 썼던 모양이어서 보물을 숨겨둔 장소로 은유하는 수단으로도 쓰인다.

    미국 에너지국DOE은 1991년 언어학자, 인류학자, 공상과학 소설가, 미래학자, 과학자 들로 팀을 꾸려 방사성폐기물심지층처분장WIPP 주위에 세울 표지물과 문구 연구에 들어갔다. 둘레 25킬로미터 면적에 높이 30미터짜리 가시 모양의 대형 석조물을 세우자는 방안과 위험을 알리는 만화가 제안되었지만 석조물 안이 채택되었다. 프랑스 방사성폐기물관리기관ANDRA도 미국 에너지국이 1991년 언어학자, 인류학자, 과학자 등으로 꾸린 연구팀은 인류가 핵연료 폐기장임을 알 수 있도록 높이 30미터짜리 가시 모양의 대형 석조물을 둘레 25킬로미터의 부지에 세우는 방안을 제시했다.

2016년 방폐장 표지 공모를 했다. 1등에는 땅 위에 결코 치료 될 수 없을 것 같은 흉터를 남기자고 제안한 작품 '망각된 프로 메테우스'에 돌아갔다. 독일에서는 "거대한 인공 달을 띄워 경고 메시지를 전하자", "방사선을 쬐면 눈 색깔이 변하는 고양이 를 만들어 구전 노래나 신화·속담에 남겨놓자", "'원자 사제 직'을 만들자"는 갖가지 아이디어가 제안되었다.

하지만 인류는 땅 위에 세울 표지는커녕 사용후핵연료를 땅속에 묻는 일조차 완성하지 못했다. 이 분야에서 가장 앞선 나라가 핀란드와 스웨덴인데, 400~500미터 지하동굴에 핵연 료 폐기물을 쌓아두는 처분장 인허가 신청을 각각 2011년과 2012년에 제출한 상태다. 일러야 2020년대 중반부터 운영에 들어간다. 우리나라도 2016년 사용후핵연료 처분 로드맵을 발 표했다. 2028년까지 부지를 선정하고 심지하동굴처분 방식의 처분장을 만들어 2053년부터 운영에 들어갈 예정이다. 지하 500미터는 롯데월드타워가 555미터인 점에 비추어보면 결코 낮은 깊이가 아니다. 지상에서 가장 높은 토목건축물은 높이 830미터의 두바이 부르즈 할리파로 땅 위에 짓는 데 6년 이상 이 걸렸다. 땅속 500미터에 무엇을 짓는다는 건 이보다 훨씬 복 잡하고 어려운 일일 것이다. 그럼에도 땅속에 사용후핵연료를 묻으려는 것은 땅속이 여러 면에서 유리하기 때문이다.

최희주 책임연구원은 "지하 500미터에는 산소가 없어 처분 용기가 부식할 염려가 거의 없다"고 말했다. 서울대학교 에너지자원공학과 민기복 교수는 "땅속 깊을수록 암반이 균질해지고 틈이 있더라도 물이 흐를 수 있는 투수율이 낮아진다"고 말했다. 그러나 안심할 수 있는 곳도 아니다. 1999년부터 운영에 들어갔던 지하 655미터의 미국 방사성폐기물심지층처분장은 2014년 방사능이 새어나와 사용을 중단했다. 2008년 인허가 신청을 했던 미국 유카산의 사용후핵연료 처분장은 2010년 버락 오바마 행정부에 의해 중단된 뒤 전면 재검토에 들어갔다. 지하 750미터의 암염을 뚫어 만든 독일 아세 방사성폐기물처분장은 방사성물질 누출로 3~6조 원을 들여 12만 6,000드럼의 핵연료 폐기물을 끄집어내기로 했다.

500미터는 지구 반지름 6,471킬로미터와 견주면 사과 껍질 두께보다도 얇은 깊이지만, 우리는 땅속에 대해 잘 알지 못한다. 그런데도 사용후핵연료는 땅속 깊이 묻을수록 안전하다. 민기복 교수는 2017년 2월 10일 서울대학교 호암교수회관에서 열린 '고준위방사성폐기물 안전관리를 위한 유관학회 공동 심포지엄'에서 심부시추공 처분기술을 소개했다. 석유탐사나 온천개발, 지열발전 건설에 쓰이는 시추 기술로 땅속 5킬로미터까지 시추공을 뚫어 사용후핵연료를 처분하는 방식이다. 동굴처분 방식에 비해 10배 더 깊다.

민기복 교수는 "지하로 내려갈수록 투수율이 훨씬 낮아져

핵연료 폐기물을 인간 세상과 더 멀리 격리시킬 수 있는 방법이다. 동굴 방식보다 10배 멀리 놓으면 100배, 1,000배 더 안전하다"고 말했다. 대전대학교 건설안전방재공학과 정찬호 교수는 "땅속 처분장에 있는 방사성물질의 확산은 지하수를 통해 발생한다. 400~1,000미터 깊이의 국내 온천수를 조사해보니 수소이온농도지수pH 9~10에 이르는 강알칼리이고 음이온이 많으며 나트륨·칼륨 등이 많은 연령이 오래된 지하수가 많았다. 이런 지하수에서는 핵종이 흡착되어 이동이 극히 제한될 수 있다"고 했다.

지하 5킬로미터까지
뚫어라

땅속 깊이 뚫는 기술은 이미 확보되어 있다. 러시아에서는 과학연구 목적이지만 12.22킬로미터까지 뚫어본 경험이 있다. 우리나라도 포항지열발전사업에서 4.2킬로미터까지 시추한 바 있다. 문제는 시추공 지름이다. 현재 기술의 한계는 8.5인치(21.6센티미터)다. 핵연료 폐기장으로 쓰려면 적어도 2배는 되어야 한다. 그것은 경수로에 쓰이는 핵연료 다발 크기 때문이다. 핵연료봉은 약 1센티미터가 조금 넘는다. 원자로에서는 연료봉을

가로, 세로 17개씩 붙여 만든 집합체(다발)를 연료로 쓴다. 한쪽 변 길이가 22센티미터로 대각선이 31센티미터다. 처분 용기에 넣고 작업 여유 공간까지 고려하면 17인치(43.2센티미터) 정도는 뚫어야 한다.

깊을수록 좋다면 왜 5킬로미터인가? 지하로 내려갈수록 온도가 1킬로미터당 25도 정도씩 높아진다. 핵연료 폐기물도 자체 발열한다. 지하 5킬로미터 정도면 지하 온도 125도와 발열량 125도를 합쳐 250도 정도 된다. 미국 에너지국 권고사항은 여기까지다. 더 깊으면 온도가 너무 올라간다.

지진에 안전할까? 10만 년이면 지형 변동은 없을까? 빙하기가 온다면? 부경대학교 지구환경과학과 김영석 교수는 "지각 변동의 시간 스케일은 10만 년보다 커서 큰 변화는 없을 것이다. 빙하기는 핀란드나 스웨덴이 영향을 받을 수 있어 그 부분까지 고려한 설계를 요구한다"고 말했다. 중요한 것은 지진이다. 김영석 교수는 "심부로 들어갈수록 단층 수가 줄어들고 지표에 있는 원전보다 안전할 수 있지만 원전 수명은 수십 년인 반면 핵연료 폐기장은 수천, 수만 년을 견뎌야 한다. 단층이 존재하지 않는 곳을 찾는 것이 가장 먼저 해야 할 일이다"라고 말했다.

사용후핵연료에는 반감기가 수십 년에서 수십만 년인 핵종들이 들어 있다. 사용후핵연료는 수조에 담아 놓는 습식저장을 통해 열을 충분히 식힌 뒤 건식저장소로 옮겨 보관하는 방식이 일반적이다. 하지만 이들 저장 방식은 임시적인 것이어서 세계 원전 가동 국가들은 궁극에 사용후핵연료가 완전히 붕괴되어 안전해질 때까지 보관하는 방안을 찾아왔다. 프랑스 · 일본 등 일부 국가들은 사용후핵연료를 재사용하고 핵연료 폐기물을 줄이기 위해 재처리하는 방안을 도입했지만, 대다수가 기술적 문제로 중단하거나 중단을 검토하고 있는 상태다. 지하 깊이 파묻는 영구 처분 방식을 채택한 국가는 세계 31개 원전 운영 국가 가운데 핀란드 · 스웨덴 · 독일 · 캐나다 · 스페인 · 미국 · 루마니아 등 7개국이다. 이 가운데 스웨덴과 핀란드만이 부지를 확보했으며, 영구 처분 시설 건설허가까지 받은 곳은 핀란드가 유일하다.

우리나라에는 사용후핵연료가 2016년 말 기준으로 경수로형 1만 6,297다발(7,325톤), 중수로형 40만 8,797다발(9,402톤)이 쌓여 있다. 총 규모는 1만 4,000톤이다. 세계적으로는 2014년 말까지 443개의 원전에서 34만 톤의 사용후핵연료가 발생했다. 현재 국내에서 가동 중인 24개 원전에 보관 중이거나 앞으로 발생할 중 · 저준위 폐기물은 경주방폐물처분장에 보관된다. 그러나 사용후핵연료는 원전 안 수조에 쌓아놓고 있다. 월성 원전(2019년)을 시작으로 한빛 · 고리 원전(2024년) 등이 순차적으로 저장용량이 포화될 예정이다.

산업통상자원부는 2016년 5월 25일 2053년께 영구 처분 시설 가동을 목표로 한 '고준위 방사성폐기물 관리 기본계획안'을 발표했다. 우선 독립적 기구가 ① 부적합 지역 걸러내기 ② 적합 지역 지방자치단체 공모 ③ 후보지 기초조사 ④ 주민 의사 확인 ⑤ 최종 부지 심층조사를 거쳐 사용후핵연료 처리시설 부지를 선정하도록 한다는 내용이다. ①~④단계는 8년, ⑤단계는 4년이 소요될 전망이다.

정부는 부지가 확정되면 중간저장시설과 영구처분시설의 안전성을 실증 연구하는 지하연구시설을 각각 7년과 14년에 걸쳐 우선 건설할 계획이다. 영구처분시설은 부지를 확보한 뒤 24년에 걸쳐 건설된다. 계획대로라면 2028년께 부지 선정 뒤 2035년께 중간저장시설, 2053년께 영구처분시설 가동이 예상된다.

우리나라 로드맵은 부지 기본조사를 한 뒤 주민 의사를 묻고 나서 부지 심층조사를 하는 것으로 되어 있다. 김영석 교수는 "지질조사를 통해 가장 적합한 곳을 찾아낸 다음 주민을 설득하고 선호도를 조사해야지 주민투표부터 하면 안 된다. 지질학자가 아무리 뛰어나도 단층을 바꿀 수는 없기 때문이다"라고 강조했다.

바이러스

신종 바이러스의 출현

원숭이들의 죽음은
'탄광 속 카나리아'인가?

미국 위스콘신-매디슨대학 인류학과 교수인 캐런 스트라이어는 2017년 1월 브라질 남동부 카라칭가시에 있는 연방동물보호구역을 찾았다가 깜짝 놀랐다. 갈색고함원숭이들로 시끌벅적해야 할 숲이 "모든 에너지가 우주로 빠져나가 텅 비어버린 듯한" 정적에 휩싸였다. 그는 수천 마리의 원숭이 사체를 보고

다시 한 번 경악했다. 캐런 스트라이어 교수는 당시 상황을 설명하면서 "적어도 근래 수십 년 동안 자료에는 원숭이의 대규모 폐사 사례가 없었다. 이 지역에 황열병이 창궐하고 있다는 사실을 알고 있는 상태에서 원숭이의 떼주검을 발견해 둘 사이의 연관성에 의심이 간다"고 말했다.

캐런 스트라이어 교수는 20여 년 동안 10제곱킬로미터 면적의 보호구역에서 갈색고함원숭이 등 네 종류의 영장류 보호활동을 하며 연구해왔다. 양털거미원숭이 등 다른 영장류 피해는 없었다. 농림축산검역본부 최강석 연구관은 "황열은 모기를 매개로 전파되는 아르보바이러스가 일으키는 감염병으로 종마다 감염 반응이 다를 수 있다. 바이러스 감염률은 종에 따라 다른 경우가 많다"고 말했다. 황열바이러스는 발열과 몸살, 두통, 구토 등의 증세를 일으키며 환자에게 황달이 잘 나타나 황열이라는 이름이 붙었다. 치료를 잘 받으면 치명률이 5퍼센트에 그치지만, 중증환자 중에는 20~50퍼센트가 사망한다.

원숭이들의 죽음이 '탄광 속 카나리아'처럼 사람들에게 닥칠 황열 팬데믹(감염병 대유행)의 전조로 볼 수 있느냐는 질문에 캐런 스트라이어 교수는 "확신할 수 없다. 다만 우리는 한 종류의 영장류가 몇 개월 사이에 몰살하다시피 한 사실이 다른 영장류에 어떤 결과를 가져올지 일찍이 알지 못했다. 우리는 그것을 배워나가야 할 처지에 놓였다"고 말했다. 실제로 브라질에서는

바이러스 _ _ _ _ _ _ _ _ _ _ _ _ _ _ _ _ _ _

2016년 12월부터 황열이 유행하기 시작해 2017년 3월 17일 현재 1,561명의 의심환자가 발생해 이 가운데 264명이 숨졌다. 황열 발생 지역의 절반이 카라칭가시 등 미나스제라이스주에 속해 있다. '카나리아'는 원숭이가 아니라 사람일 수 있다. 황열 팬데믹은 원숭이에게서 사람한테 닥칠 재앙이 아니라, 사람한테서 옮아 원숭이의 몰살로 이어질 수도 있는 것이다.

바이러스 감염병 유행은 세계에서 연례행사가 되고 있다. 2016년에는 황열이 앙골라와 콩고민주공화국 등 서아프리카에서도 유행했다. 2015년 12월 초에 확산하기 시작해 2016년 10월 유행이 멈출 때까지 두 나라에서 962명이 확진을 받았고 이 가운데 137명이 목숨을 잃었다. 2015년에는 임신부가 걸리면 태아에게 소두증을 일으킬 수 있는 지카바이러스증후군이 세계 84개 나라로 퍼져 2016년 2월 세계보건기구WHO가 '국제적 공중보건 비상사태PHEIC'를 선포하기에 이르렀다. 국제보건규정IHR에는 질병이 퍼져 다른 나라의 공중보건에 위험이 된다고 판단되어 즉각적이고 국제적인 조처가 필요할 때 비상사태를 선포하게 되어 있다. 비상사태가 발령된 것은 지금까지 네 번째다.

2009년 멕시코 신종플루(일명 돼지독감), 2014년 서아프리카 에볼라와 중앙아시아 소아마비 등으로 모두 최근의 일이다. 2012년 시작한 중동호흡기증후군(메르스)은 2015년 우리나라

황열이 유행하고 있는 브라질 카라칭가 주변 연방동물보호구역에서 원숭이 수천 마리가 떼죽음했다. 폐사한 갈색 고함원숭이의 모습.

에서 대유행했을 당시 비상사태가 검토되었지만, 세계보건기구는 팬데믹에까지 이르지는 않을 것으로 판단해 선포를 보류했다. 2013년 중국에서 시작해 2015년까지 229명의 생명을 앗아간 중국 조류인플루엔자까지 포함하면 신종 바이러스에 의한 감염병은 해마다 반복되고 있다. 미국 보스턴어린이병원이 운영하는 실시간 세계보건지도 '헬스맵www.healthmap.org'은 언제나 전염병 발생을 알리는 검고 붉은 표시로 덮여 있다. 헬스맵의 세계보건지도에는 최근 일주일 동안 지구에서 벌어진 감염병 발생 관련 정보들이 지역별로 실시간으로 표시된다.

바이러스가
핵무기보다 무섭다

신종 바이러스 유행이 잦아지면서 대책을 촉구하는 목소리도 잇따르고 있다. 2017년 2월 17~19일 독일 뮌헨에서 열린 세계 안보정상회의에서 마이크로소프트 창업자 빌 게이츠는 "바이러스는 핵무기보다 쉽게 많은 사람을 죽일 수 있다. 세계 국가들이 전쟁을 준비하는 것처럼 대비하지 않으면 자연발생적이건 유전자 조작에 의한 것이건 바이러스 대유행이 가까운 장래에 수천만 명의 생명을 앗아갈 수 있다"고 경고했다. 전자업체

창업자의 뜬금없는 발언은 아니다. 빌 게이츠는 2000년 부인 멀린다 게이츠와 함께 국제적 보건의료 확대 등을 목적으로 한 '빌 앤드 멀린다 게이츠 재단'을 세워 운영하고 있다.

세계안보정상회의에 참석한 노르웨이 에르나 솔베르그 총리도 "흑사병으로 노르웨이 인구의 절반이 목숨을 잃었고 유럽은 200년 동안 침체를 겪었다. 현대에는 질병이 예전처럼 많은 사람의 생명을 앗아가지는 못하지만 이전보다 훨씬 빠르게 확산한다. 우리는 감염병의 유행이 가져올 대재앙을 잊고 있다"고 강조했다.

미국 하버드대학 의대 브리검여성병원 의사인 라누 딜런 교수는 2017년 2월 15일 하버드대학 경영대학원에서 발행하는 『하버드비즈니스리뷰』에 기고한 글에서 "최근 팬데믹이 기후변화, 도시화, 해외여행 등으로 과거보다 빈발하고 있다. 특히 세계보건기구의 약화나 미국의 과학연구 투자나 유엔 등 해외원조 규모 축소 등은 이런 취약성을 더욱 키울 것이다. 우리는 일찍이 알던 어떤 질병보다도 빨리 광범위하게 생명을 앗아가는 새로운 병원체 망령과 맞닥뜨릴 수 있다"고 말했다. 그는 서아프리카 기니에서 에볼라가 기승을 부릴 때 기니 대통령 자문관을 지낸 바 있다.

과거에 발생하지 않았던 새로운 바이러스가 최근 들어 자주 출현하는 이유는 무엇일까? 서울대학교 의대 오명돈 교수(감염내과)는 "아프리카와 아시아 지역의 급격한 인구 증가에 따른 환경 변화가 중요하다. 현재 인구 1,000만 이상 도시(37개)가 대부분 아시아(24개)와 아프리카(3개)에 집중되어 있다. 이 도시들이 제대로 계획되지 않은 채 인구가 집중되다 보니 빈민가 등 전염병이 창궐하기 쉬운 환경에 놓여 바이러스가 유입되면 황열이나 뎅기열처럼 대유행이 일어난다"고 말했다. 아시아 지역의 경제가 성장하면서 늘어난 각종 육고기 소비에 맞춰 공장형 축산이 많아진 것도 조류인플루엔자 등이 발생한 배경이다.

바이러스는 세균과 달리 세포 형태가 아니어서 숙주세포 안에서만 증식이 가능하다. 평균 크기가 100나노미터㎚(1나노미터는 10억 분의 1미터)로, 극초미세먼지(PM1.0)의 10분의 1에 불과할 정도로 작다. 20세기 초 네덜란드 생물학자 마르티뉘스 베이에링크가 담배모자이크병의 원인을 파헤치는 가운데 처음 발견했다. 그는 박테리아가 빠져나가지 못하는 조밀한 여과기로 걸러도 담배를 병들게 하는 '살아 있는 액성 전염물질'을 라틴어로 '독'이라는 뜻의 '바이러스'라고 불렀다.

바이러스는 숙주 안에서만 서식하기에 숙주가 죽으면 바이러스도 생존할 수 없다. 특정 집단에서 바이러스가 지속해서 유행하려면 최소한 1개체 이상의 숙주가 바이러스에 감염되어야 한다. 바이러스의 한 세대는 하루 정도에 불과하다. 변신에도 귀재다. 바이러스가 쉽게 유행하려면 숙주의 면역체계를 이

겨내면서도 숙주를 죽일 만한 독성을 갖지 않아야 한다. 단순포진이나 대상포진을 일으키는 헤르페스바이러스나 사마귀를 만드는 파필로마바이러스 등은 사람에게 큰 해를 주지 않으면서 오랫동안 공생하는 바이러스들이다. 반대로 숙주를 죽일 만큼 독성이 강한 바이러스는 유행하기가 쉽지 않다. 숙주와 공멸하기 때문에 널리 퍼지지 못하는 것이다. 메르스의 치사율(치명률)은 높은 반면 감염력이 낮다.

바이러스 유행이 지속되려면 숙주 집단 크기가 어느 정도 규모를 넘어야 한다. 가령 전염성이 강한 홍역바이러스라도 최소 25~50만 명의 인구가 유지되어야 유행이 가능하다. 한 집단에서 다른 집단 곧 동물 간이나 동물에서 인간으로 종간 장벽을 넘어오는 '스필오버'는 더욱 힘들다. 농업혁명은 정착민을 집단화하고 야생동물을 가축화하면서 바이러스의 스필오버가 일어날 수 있는 환경을 제공했다. 가축에서 인간에게 넘어온 대표적 사례가 소에서 기원한 홍역과 낙타에서 온 천연두다.

미국 스탠퍼드대학 인간생물학과 초빙교수인 네이선 울프는 『바이러스 폭풍의 시대』에서 현대의 신종 바이러스 확산 현상은 도로와 철로와 해로와 항로의 발달로 지구가 하나의 세계가 되었기 때문이라고 분석한다. 그동안 인간과 접촉이 없거나 소수에 그쳤던 숲속 야생동물들이 가축을 통해서나 또는 직접 인간에게 바이러스를 옮기는 일이 빈발하고 있다는 것이다. 중

중급성호흡기증후군(사스), 신종플루, 메르스, 지카바이러스 등이 대표적인 사례다. 서식지를 빼앗긴 동물들이 살아남기 위해 새로운 서식지를 찾으면서 스필오버가 일어나는 경우도 있다. 아프리카에서 발생한 에볼라와 에이즈바이러스의 경우다.

신종 바이러스를
예측하라

스필오버를 일으키는 동물 가운데 최근 바이러스 감염병 전문가들의 관심을 끄는 것은 박쥐다. 박쥐는 바이러스가 숙주로 삼기에 적당한 동물이다. 우선 수백만 마리가 한 동굴에 서식할 수 있고 여러 종이 섞여 지내기도 한다. 수명이 5~50년으로 비교적 길어 일생 동안 바이러스에 감염될 확률이 높다. 포유동물 가운데 유일하게 비행할 수 있어 짧은 기간에 바이러스를 광범위한 지역에 퍼뜨릴 수 있다. 사스는 중국 관박쥐에서, 에볼라는 과일박쥐에서 기원한 것으로 밝혀졌다. 2015년 한국을 공포로 몰아넣었던 메르스도 박쥐에서 낙타로 옮겨간 바이러스가 인간에게 감염된 것으로 추정되고 있다.

신종 바이러스는 사람 자체에 있는 것이 아니라 동물에서 넘어오는 것이어서 대책을 세우기 쉽지 않다. 2003년 중국 사스 이후 박쥐바이러스 수집 활동이 활발히 전개되어 박쥐코로나바이러스만 400여 종이 수집되었다. 하지만 지구에 바이러스는 8,000여 종이 존재하는 것으로 알려져 있다. 박쥐만 해도 1,200여 종으로 포유류의 25퍼센트를 차지한다. 이들 동물과 바이러스를 일일이 연구해 백신이나 치료제를 만들 수는 없는 노릇이다. 또 바이러스는 수시로 변한다. 최강석 연구관은 "근본적으로는 동물에서 사람으로 넘어오는 단계를 차단해야 한다. 조기 검색이 중요하고 이를 위해 '원헬스One Health'라는 개념을 도입해야 한다. 사람의 감염병에 대한 대책인 공중보건과 가축에 대한 가축 방역을 하나의 연계된 체계로 관리해야 한다"고 말했다. 오명돈 교수는 "세계 어디서든 신종 감염병이 발생하면 현장에 달려가 실제 상황을 경험하고 정보를 얻는 일이 매우 중요하다. '현장 문제 해결형' 최고의 전문가를 보유하기 위해 국가가 환경을 마련해야 한다"고 했다.

2015년 5월 대한민국을 발칵 뒤집어놓았던 메르스 사태는 중동 지역을 방문한 단 한 사람에게서 시작되었다. 5월 4일 귀국해 20일 삼성서울병원에서 메르스 감염 확진을 받을 때까지 병원 네 곳을 옮겨다니며 수많은 사람에게 메르스바이러스를 전파했다. 메르스가 2012년 9월 사우디아라비아에서 처음 보고된 이후 세계보건기구가 사전 대비를 권고하고 국내에서도 관련 포럼이 열리기도 했지만, 삼성서울병원의 한 의사가 의심하기 전에는 아무도 이 환자의 메르스 감염을 짐작조차 하지 못했다. 의사의 '용기 있는 의심'이 없었다면 우리 사회는 더욱 건잡을 수 없는 팬데믹에 빠져들었을 것이 명약관화하다. 2016년 말 출범한 신종바이러스융합연구단CEVI의 김범태 단장(한국화학연구원 책임연구원)은 "신종 바이러스를 막는 지름길은 미리 알고 빨리 알리는 것"이라고 말했다.

한국화학연구원을 비롯해 한국건설기술연구원 · 식품연구원 · 한의학연구원 등 16개 연구기관과 위탁연구기관 연구원 120여 명으로 구성된 신종바이러스융합연구단은 신종 바이러스 감염병에 대응하기 위해 만들어졌다. 2022년까지 570억 원의 예산을 들여 '신 · 변종 바이러스 감염 대응 융합 솔루션'을 개발하는 것을 목표로 하고 있다.

바이러스의 국내 유입을 원천봉쇄하는 것이 1순위로 해야 할 일이다. 신종바이러스융합연구단 바이러스확산방지팀 안인성 팀장은 "질병이 유입되어 어떻게 퍼지는지 지도를 보여주는 것도 중요하지만, 더욱 필요한 것은 사전에 예측하는 것이다. 문헌이나 언론기사 등 가상공간의 많은 정보를 모아 기계학습을 통해 필요한 정보를 뽑아내 유행을 예측하는 기술을 개발하려 한다"고 말했다. 구글은 2008년부터 '구글 플루 동향'을 통해 독감 유행을 예측하는 서비스를 해왔다. 이후 뎅기열까지 확대했지만 2015년 가을부터는 일반 서비스는 중단하고 미국 보스턴어린이병원, 질병통제예방센터CDC, 컬럼비아대학 등 전문 기관들에만 예측모델 개발·운영을 위한 데이터를 제공하고 있다.

미국 노스웨스턴대학 등이 주축이 되어 2005년에 수학모델을 기반으로 개발한 국제감염병확산모델 '글림비즈GLEAMviz'는 꾸준히 버전을 높여오고 있다. 2009년에는 신종플루가 이듬해 1~2월에 유행 최고조에 이르던 여느 해의 동향과 달리 그해 가을에 이미 정점을 이룰 것이라고 7월에 예견한 것이 적중해 눈길을 끌었다. 미국 방위고등연구계획국DARPA은 바이러스의 진화 방향을 예측하고 특정 지역의 집단 발병이 어떻게 확산할지를 예측하는 '프로퍼시Prophecy' 프로그램을 개발하고 있다.

신종바이러스융합연구단은 특정 지역에서 발병한 질병의 국내 유입이 예측되면 해당 지역에서 오는 승객들을 집중 검역하는 이동식 '스마트 터널' 개발도 구상 중이다. 지금의 검역은 공항에서 적외선카메라로 발열 감시를 하고 특정 지역 승객에게 건강상태 질문서를 작성하도록 하는 데 그치고 있다. 연구단은 승객들이 터널을 통과하는 동안 보균자나 감염자가 있으면 세균과 바이러스를 빨아들여 병원체를 검출하고, 분해능分解能이 뛰어난 발열감시카메라가 자동으로 작동하는 첨단 시스템을 구축할 예정이다.

공항 등에서 의심환자가 발견되어도 확진을 하는 데는 몇 시간이 걸린다. 검체를 채취해 중합효소연쇄반응PCR이라는 방법으로 바이러스를 증폭해 확인하는 데 최소 4~6시간이 소요된다. 특정 질병에서 나오는 항원 단백질에 짧은 시간에 형광을 쐬어 진단하는 임신진단키트 같은 시분해 형광 신속진단키트, 환자 검체와 항체가 결합할 때 나오는 전기신호를 측정하는 전계효과트랜지스터FET 센서, 리트머스처럼 색깔로 진단하는 듀얼페이퍼센서 등이 개발되면 10분 만에 확진할 수 있을 것으로 연구단은 기대하고 있다.

인공장기

실험실의 쥐를 구할 수 있을까?

왜 동물이
죽어야 하는가?

당신이 드라마 감독이라면 여주인공이 임신을 했다는 걸 어떻게 묘사하겠는가? 가장 흔한 임신 메타포는 시어머니나 시댁 식구 앞에서 헛구역질(입덧)을 하는 것이다. 하지만 여주인공이 젊은 세대라면 화장실에서 임신키트를 들고 기뻐하거나 흠칫 놀라는 장면으로 그려낼 수 있다. 아마도 이런 모습은 훨씬 현대적이고 과학적이라는 느낌을 시청자들에게 줄 것이다.

20세기 초라면 어땠을까? 임신부의 소변에서 '융모 생식 샘자극hCG' 호르몬이 발견된 것은 1920년대였다. 지금은 태반에서 분비되는 이 호르몬을 이용해 간단한 키트로 임신 여부를 확인할 수 있다. 하지만 당시에는 확인 방법이 쉽지 않았다. 임신 여부를 알려면 살아 있는 토끼의 귀에 소변을 주사한 뒤 해부를 해서 토끼의 난소에 항체가 생겼는지를 확인해야 했다. 당시라면 드라마 감독은 젊은 여성 배우에게 화장실에서 토끼 귀를 잡고 놀라는 연기를 시켰을 것이다. 지금은 약국에서 몇천 원이면 임신키트를 살 수 있지만, 토끼를 쓰지 않고 hCG 호르몬을 검사하는 법을 알아낸 것은 1960년대에 들어서였다. 그동안 수많은 토끼가 인간의 임신을 확인하느라 목숨을 내놓아야 했다.

제약회사에서 의약품을 생산할 때 하는 발열성 실험이라는 것이 있다. 의약품 생산 과정에 세균에 오염되면 내독소가 쌓여 사용한 사람에게서 열이 난다. 현재도 발열성 실험에 토끼가 사용된다. 하지만 지금은 '생물학적 내독소 시험(LAL시험)'이라는 동물대체시험법이 함께 쓰인다. 투구게의 혈액에 의약품을 섞었을 때 굳으면 내독소가 있는 것으로 판정한다. 이 방법은 1977년 미국 식품의약국FDA에서 승인이 났다.

실험동물을 희생시키지 않고 동물실험 효과를 내는 동물

대체시험법이 등장했음에도 세계에서 한 해 몇 억 마리의 실험 동물들이 희생되는 것으로 추산된다. 2015년 우리나라 실험실에서 숨겨간 동물만 250만 7,000마리다. 2012년 183만 4,000마리보다 37퍼센트가 늘었다. 해마다 10퍼센트 이상 늘어난 셈이다. 2016년 말 국회를 통과한 화장품법 개정안은 2017년 2월부터 '동물실험을 실시한 화장품이나 동물실험을 한 원료를 사용해 제조한 화장품'은 수입 · 유통 · 판매하지 못하도록 하고 있다. 유럽에서는 이미 2013년 3월 화장품에 대한 모든 동물실험이 금지되고 있다. 국내에도 경제협력개발기구OECD에서 표준화한 13개 대체시험법(가이드라인)이 등록되어 권장되고 있다. 그러나 실제 실험동물 수가 줄어들지 미지수다.

동물실험은 인간과 동물은 생물학적으로 유사하다는 전제에서 시작되었다. 2세기 로마 의사인 갈레노스가 염소 · 돼지 · 원숭이를 해부한 이래 동물은 인간을 이해하는 '도구'로 사용되어왔다. 19세기 중반 프랑스 생리학자 클로드 베르나르는 '어떤 병이 동물에게서 재현될 수 없다면 그 병은 존재한다고 볼 수 없다'며 동물실험 지상론을 폈다. 그는 남의 집 애완동물을 훔쳐다 실험을 하기도 했다. 그래서였을까, 그의 부인과 딸 심지어 그의 제자까지 발 벗고 나서 동물실험에 반대하는 단체를 만들었다.

타이레놀은 고양이에게
부신기능부전을 일으킨다

20세기 들어서 독성학이 발전하면서 동물실험은 불가피한 것으로 받아들여졌다. 1937년 당시 새로운 항생제(설파닐아마이드)를 복용한 107명이 사망하자 동물에게 이 약물을 시험했고 동물들이 죽었다. 이 사례로 모든 약물검사에 동물을 사용해야 한다는 인식이 자리 잡게 되었다.

하지만 인간의 질병 3만여 가지 가운데 동물과 공유하는 건 단 2퍼센트도 안 되는 350여 개에 불과하다. 베르나르의 '동물실험 지상론'이 극히 일부만 맞다는 이야기다. 약품이 동물 종 사이에 효과가 다른 사례는 적지 않다. 1957년에 입덧 같은 메스꺼움을 없애는 탈리도마이드를 복용한 임신부가 팔다리 발달이 결여된 '해표지증' 기형아를 낳는다는 사실이 보고되었다. 하지만 쥐, 토끼, 개, 햄스터, 영장류, 고양이, 돼지 등 동물들에서는 기형이 거의 발생하지 않는다는 것이 정설로 받아들여진 1962년에야 탈리도마이드는 리콜되었다. 동물실험에서 독성이 확인되지 않았다는 사실 때문에 탈리도마이드는 계속 사용되었고, 5년여 동안 1만 2,000명의 신생아가 물갈퀴를 가지거나 사지가 전혀 없이 태어났다.

반면 페니실린은 역설적으로 동물실험을 하지 않아 살아

남았다. 1929년 알렉산더 플레밍은 페니실린이 세균을 죽인다는 것을 알고 토끼에게 실험을 했지만 아무 반응이 없었다. 페니실린 약효에 대한 의문을 품고 폐기했다면 인류에게는 너무나도 큰 불행이었을 것이다. 플레밍은 달리 해볼 일이 없는 위중한 환자에게 페니실린을 투여했다. 토끼에게서는 효과가 없던 약물이 사람 환자에게서는 효능이 나타났다. 플레밍이 기니피그나 햄스터를 대상으로 실험을 했다면, 페니실린은 역사에서 사라졌을지 모른다. 페니실린은 기니피그나 햄스터를 죽이고 쥐에게는 기형을 유발한다. 진통제 타이레놀은 고양이에게 부신기능부전을 일으키고, 아스피린은 생쥐에게 선천성 기형을 야기하며, 애드빌은 개에게 신부전증을 일으킨다. 사람과 동물은 유사하지만 결코 같지 않은 것이다.

하지만 약물을 전임상시험 없이 바로 사람을 대상으로 임상시험을 할 수는 없는 노릇이다. 동물실험의 대안은 실험에 쓰이는 동물 전부를 다른 것으로 대체하거나 일부분이라도 줄여보자는 것이다. 1959년 영국의 동물학자 윌리엄 러셀과 미생물학자 렉스 버치는 『인도적인 실험기법의 원칙』이라는 책을 발간해 이른바 '3R' 원칙을 주창했다. 할 수 있는 한 실험동물의 수를 줄이고Reduction, 실험 전 대체 방법이 없는지 찾으며 Replacement, 실험 중 동물이 고통을 받지 않도록 실험 절차를 명료하게 해야 한다Refinement는 것이다.

영국의 동물학자 윌리엄 러셀과 미생물학자 렉스 버치는 할 수 있는 한 실험동물의 수를 줄이고, 실험 전 대체 방법이 없는지 찾으며, 실험 중 동물이 고통을 받지 않도록 실험 절차를 명료하게 해야 한다는 '3R' 원칙을 주창했다.

의약품 검증의 가장 좋은 방법은 임상시험이다. 하지만 인간을 대상으로 한 실험이기에 약물에 독성이 없다는 것이 입증되어야 가능하다. 나치의 유대인 생체실험, 일본의 731부대 인체 실험, 미국 터스키기 매독 실험처럼 인간을 마루타로 삼을 수는 없는 노릇이다.

동물대체시험법으로는 컴퓨터 시뮬레이션을 사용하거나 배양세포와 장기배양을 이용하는 방법 등이 있다. 인 실리코in silico라 불리는 컴퓨터 독성 예측 프로그램은 화학물질이 가지고 있는 특성을 컴퓨터 시스템에서 검색해보면 70퍼센트 정도의 정확도로 독성 스크리닝이 된다. 배양한 세포에 약물을 투여해 얼마나 많은 세포가 죽는지를 알아낼 수 있다. 또 동물 한 마리에서 적출한 많은 각종 장기를 사용해 많은 수의 동물을 이용하는 효과를 내어 실험동물 수를 줄이는 방법도 있다.

하지만 가장 좋은 방법은 인체와 닮은 조직을 만들어 실험하는 것이다. 3차원 인공피부는 이런 측면에서 주목받는 방법이다. 포경수술 뒤 남은 포피의 상피세포를 2주일 동안 배양하면 사람의 피부와 유사한 인공피부가 만들어진다. 다만 이 피부를 계속 재생해 쓸 수가 없어 포경수술 뒤 남은 피부 조각이 끊임없이 공급되어야 한다는 한계가 있다.

약물은 사람 몸속에서 흡수-분포-대사-배설의 4가지 과정을 거친다. 입으로 약을 먹으면 식도와 위, 십이지장, 소장을 거치면서 혈관으로 흡수된다. 간과 심장을 거쳐 온몸 구석구석으로 퍼져나간 약물은 간과 신장(콩팥)에서 오줌으로 배설되거나 대장을 거쳐 항문으로 배설된다. 주사를 맞거나 피부에서 흡수된 약물은 혈관을 통해 직접 간과 심장에 배달된다. 약물은 이 과정에 약효를 보이기도 하고 독성을 나타내기도 한다.

미니장기,
오가노이드

인체를 빼닮은 아바타를 만들어 약물을 실험한다면 좋겠지만, 설령 과학적 현실이 된다 해도 여전히 인권과 윤리 측면에서 자유로울 수 없다. 2009년 네덜란드 연구팀은 해답을 내놓았다. 생명과학연구소(휘브레흐트연구소)의 한스 클레버스 박사는 생쥐의 직장에서 얻은 줄기세포를 배양해 내장 '오가노이드'를 만드는 데 성공했다. 오가노이드는 인간 장기의 기능을 지닌 유사체를 말한다. 미니장기라 부르기도 한다. 2013년에는 영국 케임브리지대학의 매들린 랭커스터 박사가 대뇌피질 등 인간 뇌 속성을 일부 보유한 뇌 오가노이드를 만들었다. 뇌를 닮은 오가노이드는 소두증이 지카바이러스의 잠재적 위험성이라는 점을 증명하는 데 좋은 시험관 모델로 활용되었다. 지금까지 배양된 오가노이드는 15가지가 넘는다. 오가노이드를 활용하면 몸 밖(인 비트로)에서 약물이 몸 안(인 비보)에서처럼 작용하듯이 실험할 수 있다.

2016년 8월 대전 대덕연구단지 한국생명공학연구원의 줄기세포연구센터에서는 여느 생화학실험실에서처럼 약물이 담긴 시험관들이 자동 장치에 놓여 회전을 하고 있었다. 옅은 붉은색의 액체 속에 기포 말고도 지름이 몇 밀리미터에 불과한 하얀 부유물들이 떠다녔다. 연구 책임을 맡고 있는 정초록 박사는 "얼핏 보면 하얀 찌꺼기 같지만 간세포들이 서로 뭉쳐 오가노이드를 형성하고 있는 중"이라고 설명했다. 그동안 간세포의 체외 배양은 평평한 배양접시에 영양분인 배지를 깔고 그 위에 세포주를 넣어 자라게 하는 2차원적인 방법을 썼다. 하지만 이렇게 배양한 세포는 간세포의 고유 대사 기능이 현저하게 떨어졌다.

연구팀은 좀더 기능을 잘하는 간세포를 만들기 위해 간세포주와 혈관세포, 이들을 지지해주는 기저세포(섬유아세포)를 섞어 3차원으로 배양해 간 스페로이드(덩어리)를 제작했다. 간은 뼈에 비해 부드럽고 쫀득한 환경을 가지고 있으며, 간세포는 이런 환경에서 생존과 기능이 좋아진다. 이러한 점에 착안해 한국생명공학연구원 정경숙 박사 연구팀은 하이드로젤을 재료로 간과 유사한 스캐폴드(세포 사이의 지지체)를 제작하고, 3차원 간 오가노이드를 완성했다. 연구팀에 의해 탄생한 간 오가노이드는 유전체적으로 실제 간과 70퍼센트 가까이 일치했다.

정경숙 박사는 '실험동물 대체용 인공실험체NOCS 구현 사업'을 이끌고 있다. 사업의 출발은 운명적으로 시작되었다. 한국생명공학연구원은 2012년 대내외적으로 연구개발 아이디어 공모전을 열었다. 당시 같은 연구팀의 임정화 연구원이 "동물실험을 대체할 기술을 개발하자"는 아이디어를 내서 응모했고 최우수상을 받아 소규모 연구를 진행할 수 있었다. 2015년에는 연구원 고유사업으로 채택되었다. 정경숙 박사가 동물실험 대체에 관심을 갖게 된 것은 한국인의 암 유전자를 발견한 것이 계기가 되었다.

'E2-EPF 유비퀴틴 캐리어UCP'라는 긴 이름의 단백질이 암세포의 증식과 전이를 촉진한다는 사실을 규명했다. 또 '에니그마'라는 세포 안 단백질이 암세포 증식에 영향을 주어 항암제 내성을 증가시킨다는 사실을 알아냈다. 이런 단백질들을 타깃으로 신약 개발 프로그램을 시작했지만 동물실험 단계에서 독성 때문에 실패했다. 정경숙 박사는 "실험실에서 세포주로 효능과 독성을 검사하는 인 비트로 검사와 동물 체내에서 보는 인비보 검사 결과가 차이가 있었다. 또 동물에서 보이는 효과가 과연 사람한테 정확하게 나타날까 궁금증도 생겼다"고 말했다.

비용도 적지 않았다. 화합물 1개의 독성 여부를 보는 데만

화합물 투입군, 대조군, 비교군, 세포주 실험군 등 네 그룹에 1마리에 6만 원씩 하는 마우스 6마리씩을 배정하면 140만 원이 든다. 화합물 10개면 1,000만 원이 훌쩍 넘어간다. 그것도 자신이 직접 했을 때 이야기다. 동물실험 전문업체에 맡기면 배로 뛴다. 이런 경험들은 정경숙 박사로 하여금 실험동물을 대체하는 좀더 획기적인 생체모사 기술의 필요성을 갖게 했다.

동물실험을 대체하라

인공실험체 사업의 목표는 신약 개발 단계에서 비임상시험 또는 전임상시험이라 불리는 동물실험 단계를 실제 장기를 가지고 몸 밖에서 진행하겠다는 것이다. 간 오가노이드처럼 여러 장기를 모사한 유사장기들로 구성된 '생체모사 비교 시스템'을 구축 중이다. 흡수를 담당하는 장 오가노이드와 대사를 담당하는 간 오가노이드를 주축으로 하고, 독성의 대상이 되는 심장, 뇌, 신장 오가노이드를 서로 연결해 우리 몸과 비슷한 생리작용이 체외에서 실현되도록 한다는 것이다.

　갖가지 장기 오가노이드는 만드는 방법도 가지각색이다. 장 오가노이드는 유도만능IPS 줄기세포에 특정 단백질을 넣어

주면 장처럼 꼬불꼬불한 모양의 세포 덩어리들이 만들어진다. 긴 대장이나 소장 전체를 만드는 것은 아니고 장의 기능을 갖춘 장 한 조각을 만드는 것이다. 오가노이드는 1~2밀리미터밖에 되지 않는다. 한국생명공학연구원 줄기세포연구센터 김장환 센터장은 "신경, 곧 뇌 오가노이드는 실험실 차원에서 만들 수 있다. 하지만 독성 실험을 하려면 브레인블러드배리어BBB라는 딴딴한 막을 만들어 약물이 이것을 뚫고 들어오는 과정을 모사해야 한다"고 말했다.

심장도 유도만능 줄기세포에서 심장 근육세포를 분화시킨 다음 특정 스캐폴드에 넣어 만든다. 심장 세포를 공처럼 뭉쳐 만들어서는 심방과 심실이 나뉘어 있고 판막까지 있는 진짜 심장을 모사할 수 없다. 심실 안에 혈액을 넣어 혈압을 측정할 수 있는 2~5밀리미터 크기의 미니심장을 만드는 게 목표다. 한국생명공학연구원 연구팀과 공동연구를 하고 있는 한국화학연구원 안전성평가연구소 강선웅 선임연구원은 "심장이 확장과 수축을 반복하는 것은 심장세포 표면에 있는 통로(채널)를 통해 칼슘이나 포타슘을 흡수했다 배출하는 걸 반복해서다. 심장 오가노이드 표면에 '심혈관계에 대한 영향 평가시험용 채널(HERG채널)'을 만들어 약물 후보 물질의 반응 여부를 보려 한다"고 말했다.

신장은 재흡수와 배출 두 기능이 있다. 신장은 대사 작용이 끝난 찌꺼기를 오줌으로 배출하기도 하지만, 일부는 모세혈관이 털뭉치처럼 꼬여 있는 사구체를 통해 재흡수한다. 사구체를 모사하기가 쉽지 않아 신장 오가노이드는 아직 개발 중이다.

정초록 박사는 "2020년까지 동물실험을 대체할 수 있는 시스템 개발을 완료하는 것이 목표다. 동물실험의 20퍼센트 정도를 대체하면 성공하는 것"이라고 말했다. 상용화하면 생체모사 배양 장비를 400~500만 원 정도에 만들 수 있을 것으로 보고 있다. 화합물 1개의 독성 동물실험에 들어가는 비용 절반 수준이다. 생체모사 배양 장비는 오가노이드만 바꿔주면 반영구적으로 쓸 수 있다. 연구팀은 2025년까지 환자 맞춤형 비임상 시험 평가 시스템도 개발할 계획도 세우고 있다. 정초록 박사는 "암 환자에게서 적출한 암세포를 체외에서 평가해 어떤 약물이 효과가 있는지 신속하게 결과를 도출해야 환자 생전에 치료 방법을 찾을 수 있다. 지금처럼 장시간·고비용이 드는 마우스 기반의 평가 시스템으로는 암 환자의 생존 기간에 치료법을 찾아내기 어렵다"고 말했다.

최근 국내에서도 동물대체시험법에 대한 관심이 높아지고 있다. 식품의약품안전평가원 김태성 보건연구관은 "2016년 4월 OECD 국가조정자회의에 국내에서 개발한 대체시험법이 '업무계획'으로 채택되었다. 업무계획은 가이드라인 채택 전에 진행되는 국가간 자문과 의견 수렴 단계를 의미하는데 최종 결정

인공장기 _____

되기까지 1~2년 걸린다. OECD 위원회에서 채택될 가능성이 높다"고 말했다. 식품의약품안전평가원 등 국내 3개 기관이 연구개발한 '유세포 분석을 이용한 국소림프절 시험법'은 면역세포에서 림프구가 증식하는 정도를 계량화해 면역독성을 시험하는 방법이다.

2016년 동물대체시험 분야 국제상인 '러쉬 프라이즈' 5개 부문 수상자 후보에 한국팀이 모두 포함되었다. 국내의 동물실험 대체에 대한 관심도가 반영된 것이다. 러쉬 프라이즈는 영국 수제화장품 업체가 2012년부터 과학·교육·홍보·로비·신진연구자 등 5개 부문에서 동물실험 대체를 위해 공로가 있는 인물이나 단체에 주는 상이다. 2016년에는 22개국에서 55개 팀이 최종 후보 명단에 올랐다. 상금은 총 35만 파운드(약 5억 원)다.

우리나라에서는 이화여자대학교 약대 김경민 교수가 과학 부문, 가톨릭대학 최병인 교수와 이귀향 박사가 교육 부문, 실험동물 구조단체 비글구조네트워크가 홍보 부문, 화장품법 개정안을 제출한 문정림 전 의원이 로비 부문, 연세대학교 치대 김미주 연구조교수가 신진연구자 부문에 후보로 선정되었다. 이 가운데 김미주 교수가 신진연구자 부문 수상자로 선정되어 시상식이 11월 18일에 우리나라에서 열렸다. 그동안 일본에서는 수상자가 나왔지만 우리나라에서는 처음이다. 수상자 후보에 올랐던 김경민 교수는 "2016년 시상식이 한국에서 열리는 등 러쉬 프라이즈 쪽이 아시아에서 활동하는 신진연구자 지원을 선포한 터여서 우리나라 젊은 연구자의 수상 가능성이 높았다"고 말했다.

인공장기

전기에너지믹스의 현재와 미래

전력 수급 예측은
왜 실패했는가?

우리나라는 외국에서 에너지원의 대부분을 수입한다. 알토란 같은 에너지를 수요에 맞춰 알맞게 공급하는 것은 빠듯한 살림을 꾸리는 것만큼이나 쉽지 않은 일이다. 에너지 특히 전기를 어떻게 쓸지는 크게 2가지 법률에 의해 정하도록 되어 있다. 먼저 '전기사업법'은 전력 수급 안정을 위해 수요를 예측하고 전력 설비와 전원 구성(전기에너지믹스)을 설계하는 전력수급기본계획을 2년마다 세우도록 하고 있다. 정부는 또한 '저탄소녹색성장기본법'에 따라 전기를 포함한 국가 에너지 전체의 수급 안정을 위한 20년짜리 국가에너지기본계획을 5년마다 새로 짜야 한다. 2017년 현재 2014년 1월에 수립한 제2차 에너지기본계획과 2015년 7월 확정된 제7차 전력수급기본계획이 시행 중이다. 최근 전력 수요 추세는 두 기본계획의 전망치와 크게 어긋나고 있다. 전력 설비와 전원 구성을 어떻게 짜야 할까?

제7차 전력수급계획은 시행 첫해인 2015년 전력 수요 증가율을 4.3퍼센트로 잡았으나 실제는 1.3퍼센트였다. 2016년 증가율은 4.7퍼센트로 예측했으나 상반기에 판매된 전력량은 전년도 같은 기간에 비해 1.7퍼센트 늘어나는 데 그쳤다. 역대급 폭염을 겪은 하반기에도 크게 달라지지 않아 11월까지 전력 수요 증가율은 2.6퍼센트에 불과하다. 봄 날씨였던 12월 통계를 합산하면 2016년 전력 수요 증가는 전망치의 절반 수준에 머물 것으로 예상된다.

환경운동연합 탈핵팀 양이원영 처장은 "기본계획의 수요 예측에 쓰인 한국개발연구원의 국내총생산 성장률 예측과 산업연구원의 산업구조 전망치는 희망적인 지표여서 현실과 맞지 않는 것 같다. 산업연구원 예측치는 전기를 많이 사용하는 전기로제강산업과 조선업의 구조조정을 전망해내지 못했다"고 말했다. 제7차 계획뿐만 아니라 2010년 이후 세워진 제5·6차 전력수급계획과 2014년의 제2차 에너지기본계획의 전력 수요 전망도 실제 전력 사용량과 큰 차이를 보인다. 오히려 현재의 추세는 2008년 수립된 제4차 전력수급계획 전망치 패턴에 근접하고 있다.

과학기술 연구자 단체인 청년과학기술자모임의 연구팀도 비슷한 분석을 내놓았다. 근래 전력 소비량은 제2차 에너지기본계획 예측치보다 낮은 상황으로 추세적으로는 2008년에 수립된 제1차 에너지기본계획의 예측치에 근접하고 있다는 것이다. 연구팀은 2010~2011년 10퍼센트 정도의 급격한 전력 수요 증가율이 일시적 현상인지, 2013~2016년의 1퍼센트대 낮은 증가율이 일시적인 것인지를 통계적 기법으로 분석했다.

연구 결과 전력 소비 증가율과 경제성장률이 밀접한 상관관계가 있는 것으로 나타났다. 그런데 2010~2011년 산업용 전력 소비 증가율의 급증은 경제성장률을 크게 웃돌았다. 연구팀은 "전기로 증설과 같은 전력 다소비 산업의 일시적 증가가 원인으로 추정된다. 잘못된 제2차 에너지기본계획을 바탕으로 원전을 2035년까지 현 수준의 2배 이상으로 늘리겠다는 계획은 수정되어야 한다"고 밝혔다.

2017년 현재 우리나라에서 가동 중인 원전은 25기로, 제2차 에너지기본계획상으로는 2029년까지 11기의 원전을 추가로 더 짓는 것으로 되어 있다. 이미 5기는 건설 중이다. 신고리 4호기는 거의 완공되었으며 신한울(울진) 1·2호기 공정률도 92퍼센트에 이른다. 설비용량은 현재 23기가와트에서 2029년 40기가와트로 늘어난다. 석탄화력발전은 계획대로 73기까지 늘어나면 설비용량이 현재 29기가와트에서 44기가와트로 증가한다. 환경운동연합은 현재의 전력 수요 증가율 추세가 지속되면 이미 완공에 가까운 신고리 4호기와 신한울 1·2호기를 제외한 나머지 8기의 원전과 2017년 완공되는 신보령 2호기를 뺀 신규 석탄발전 9기 건설을 취소하고, 2029년까지 수명 연한이 끝나는 원전 12기와 석탄발전 10기의 계속 가동을 중단한다고 해도 설비 예비율은 8.5~32.2퍼센트에 이른다는 분석을 내놓았다.

환경급전의
제도화

이런 분석에 대해 한국수력원자력(한수원) 쪽은 다른 시각을 보이고 있다. 경기 침체 등으로 전력소비량 증가율은 둔화하고 있으나, 발전설비 규모를 결정하는 최대 전력은 제7차 수급 계획을 웃돌고 있다는 것이다. 그 예로 2016년 여름 폭염 영향으로 최대 전력 수요가 세 차례나 경신되고 8월 12일에는 8,518만 킬로와트를 기록해 제7차 계획 최대 전력 전망치를 57.1만 킬로와트나 초과해 전력 예비율이 8.5퍼센트까지 낮아진 사실을 들고 있다. 전력 설비 과잉과 부족 현상이 주기적으로 반복되는 전력 수급 상황을 고려할 때 단기적 결과로만 신규 발전 설비 건설의 적절성을 거론하는 것은 불합리하다는 게 한수원 주장이다.

한수원 기술전략처 오진호 전원기획부장은 "2015~2016년 전력 수요 증가율 4.3퍼센트·4.7퍼센트는 기준 수요 증가율을 전망한 것으로 실제 발전설비계획 수립 등에 활용하는 것은 목표 수요다. 목표 수요는 기준 수요에서 효율화나 수요 관리 등 다양한 정책을 도입해 수요를 줄이는 목표를 뺀 수치로 각각 2.5퍼센트·4.1퍼센트다"라고 말했다.

하지만 전체 전력 수요가 크게 늘어나지 않는데도 최대 전력 수요만 기록적으로 늘어나는 것은 정상적인 상황이 아니다. 전력 수요는 계절·요일·시간마다 다르다. 2016년 11월까지 평균전력 증가율은 0퍼센트인 데 비해 최대 전력 증가율은 8.1퍼센트나 되었다. 양이원영 처장은 "산업부가 수요자원 거래시장 관리를 제대로 운영하지 않는 등 정부의 전력 수요관리 실패가 원인의 하나"라고 진단했다. 수요자원 거래시장은 정부가 참여 기업들에 전력 수요가 피크에 이를 것으로 예상될 때 전기 사용을 줄이라는 급전지시를 내리는 대신 보상을 해주는 제도다. 그러나 전력거래소는 2016년 8월 12일 급전지시를 내리지 않았다. 급전지시를 내렸다면 최대 전력은 8,200만 킬로와트에 그치고 전력 예비율도 12.7퍼센트로 높일 수 있었다는 것이다.

수요 관리 실패는 전기요금 체계에서 비롯되는 측면이 있다. 한국전력공사의 『전력통계속보』를 보면, 2016년 폭염에 누진제로 '요금 폭탄'을 맞은 주택용 전기요금과 달리 상가와 오피스텔에 적용되는 일반용 전기요금은 누진제가 없다. 1년 전체 전기 소비 비중은 주택용이 13퍼센트, 일반용이 22퍼센트 정도지만 겨울과 여름에는 일반용 비중이 26퍼센트 안팎으로 증가한다. 전기요금 상승에 따른 수요량 변화를 나타내는 전력 수요 가격탄력성은 주택용은 낮은 반면 일반용은 상대적으로 큰 것으로 나타난다. 국회 예산정책처 자료를 보면, 주택용 전기요금을 1퍼센트 올렸을 때 전력판매량은 16GWh 줄어드는 데 견줘 일반용은 76GWh나 줄어든다. 주택용 누진제보다 일반용 누진제의 정책적 효과가 클 수 있다는 이야기다.

산업용의 가격탄력성은 훨씬 커 일반용의 10배나 된다. 녹색당 한재각 정책위원은 "산업용 전기요금의 인상은 전력 수요를 줄이는 데 가장 효과적일 것이다. 기업들의 제조업 제조원가 중 전력비가 차지하는 비중은 1퍼센트대를 유지하면서 계속 낮아지고 있어 전기요금의 인상이 기업에 큰 부담을 주지 않을 것으로 생각한다"고 말했다. 삼성전자·포스코·현대제철 등 20개 대기업은 한국전력공사에서 상대적으로 싼 '산업용 을' 요금에 다 '경부하 요금(시간대별로 가장 낮은 요금)' 혜택까지 받아 원가에 못 미치는 요금으로 2012~2014년 3년 동안만 해도 3조 7,191억여 원을 할인받았다.

발전원별로 전력 거래를 할 때 가장 싼 전기부터 우선으로 구매하도록 하는 이른바 '경제급전'의 개선 움직임도 원전과 석탄발전 위주로 된 현재의 전원 구성에 변화를 가져올 전망이다. 가을철에는 최대 전력 수요가 65기가와트 정도여서 원전과 석탄발전만으로도 전력 수급이 가능하다. 2015년 원전과 석탄발전의 발전량 비중은 70퍼센트에 이른 반면 가스발전은 20퍼센트가 채 안 된다. 원인은 싼 전기부터 사들이게 되어 있어 상대적으로 비싼 가스발전을 가동할 필요가 없기 때문이다. 가천대학교 에너지IT학과 김창섭 교수는 "기후변화협약 발효에 따른 제약, 미세먼지 등 환경적 요인, 국민 안전에 미치는 영향 등을 종합적으로 고려해 전력 매입 순서를 정하는 이른바 '환경급전'으로 전환해야 할 시점"이라고 말했다.

국회에서는 구체적으로 법안 개정에 들어가 있다. 국민의당 장병완 의원(산업통상자원위원회 위원장) 등이 발의한 전기사업법 개정안은 2016년 말 상임위를 통과해 법사위로 넘어가 있다(전기사업법 일부 개정 법률안은 2017년 3월 국회를 통과했다). 개정안은 '전기판매사업자는 발전원별로 전력을 구매하는 우선순위를 결정할 때 경제성, 환경, 국민 안전에 미치는 영향 등을 종합적으로 검토해야 한다'고 명시하고 있다. 김창섭 교수는 "전기 소매가(전기요금)는 고정된 상태에서 도매가(전력거래소 구매가격)는 시장에 맡겨져 있어 유가나 환율에 따라 흑자와 적자가 반복되다 보니 전력판매자(한국전력공사) 입장에서도 경제급전을 바꿔야 할 필요성을 느껴 법률 개정이 수월하게 진행되고 있다"고 설명했다. 환경급전이 제도화하면 원전과 석탄발전의 비중에도 변화가 생길 수밖에 없다.

어떤 전기를
쓸 것인가?

지역별 전기요금을 달리 매기는 지역별 요금제도도 전기에너지믹스에 변화를 줄 수 있다. 2015년 기준으로 서울의 전력 자립률(발전량 대비 전력소비량)은 1.8퍼센트에 불과하다. 경기도는 28.2퍼센트에 그친다. 반면 원전이나 석탄화력발전이 집중되어 있는 충남·전남·경남·경북은 158.9~325.2퍼센트에 이른다. 지역이 수도권의 전력을 공급하는 배후지인 셈이다. 하지만 수도권에 전력 공급을 할 수 있는 설비가 없는 것은 아니다. 인천의 영흥화력발전소(1~6호기 870메가와트)를 포함해 가스발전소 등 발전설비를 총가동하면 수도권의 자립률은 117퍼센트에 이른다. 원전과 석탄발전만으로도 전력 공급이 가능한데다 전력 소비는 늘지 않아 가스발전소의 가동률은 낮아질 수밖에 없는 구조다.

그런데도 2015년 한국전력공사는 실제 발전량과 무관한 용량요금 4조 7,500억 원 등 6조 2,000억 원의 고정비용을 각 발전사에 지급했다. 정부는 전력 설비를 유지하기 위해 전력을 생산하지 않더라도 모든 발전소에 설비 투자비와 기본 운영비를 보장해주기 위해 용량요금을 지급하도록 하고 있다. 양이원영 처장은 "수도권 가스발전설비를 가동하면 충남이나 영호남 지역이 수도권을 위해 원전과 석탄발전 시설을 확대하지 않고 줄여나갈 수 있다. 지역별로 생산하는 전기발전 단가에 맞춰 전기요금을 산정하는 지역별 요금제를 도입하면 싼 전기요금이 필요한 산업이 자연스럽게 지방으로 이전하는 효과도 얻을 수 있다"고 말했다.

한국에너지관리공단의 신재생에너지센터는 해마다 『신재생에너지 백서』를 발간한다. 2016년 백서를 보면 우리나라 태양에너지 기술적 잠재량은 7,451기가와트에 이른다. 원전 7,451개와 맞먹는 양이다. 이는 우리나라 전체 면적에 1년 동안 내리쬐는 태양에너지(9만 7,459기가와트) 가운데 태양광·태양에너지경제연구원은 태양광 발전 단가가 2022~2023년께 전력거래 가격과 일치하는 '그리드 패리티'에 도달할 것으로 예측했다. 1KWh당 정산 단가는 102원이다.

열 효율(각 16퍼센트·37퍼센트) 등 현재의 기술 수준을 고려해 실제 기술적으로 쓰일 수 있는 양을 산출한 수치다. 백서는 2035년에는 9,939기가와트로 늘어날 것으로 전망했다. 그때까지 보조금 없이 완전경쟁 시장 환경에서 태양에너지를 이용할 수 있으리라 추산되는 시장 잠재량도 34.5기가와트(원전 34기)에 이른다.

2013년 에너지경제연구원이 태양광 산업 전망을 분석한 보고서는 태양광 발전 단가가 계속 낮아져 2022~2023년께 전력거래 가격과 일치하는 '그리드 패리티grid parity'에 도달할 것으로 예측한다. 태양광 산업계에서는 더 이른 시점에 그리드 패리티에 이를 것으로 내다본다. 2015년 1KWh당 정산 단가는 원자력발전이 62.7원, 석탄발전이 68.3원, 가스가 126.2원, 태양광이 102원, 풍력발전이 109원이다. 물론 태양광은 신재생에너지 의무 할당제RPS 의무 이행 정산비용을 포함하면 169원에 이른다. 원전 정산 단가는 과거 30원대에서 꾸준히 오르는 추세지만 태양광은 2008년 700원대에서 160원대까지 떨어진 것이다.

2016년 개편된 주택용 전기요금 누진제는 201~400KWh 구간의 2단계 요금을 KWh당 187.9원, 400KWh를 초과하는 3단계 요금을 280.6원으로 설정했다. 이 구간에 해당하는 가구만 58.6퍼센트에 이른다. 주택용 전기요금 체계로는 원전·석탄

발전 대신 가스와 태양광, 풍력발전을 확대한다고 해서 추가로
발생하는 전기요금 인상 요인이 거의 없다는 이야기다. 양이원
영 처장은 "일반용과 산업용 전기요금에는 인상 요인이 발생할
수 있지만 큰 비용은 아닐 것이다. 삼성전자는 2011년 기준으
로 전기요금이 5,685억 원인데 영업이익이 11조 7,000억 원에
이르러 10~20퍼센트 정도의 요금 인상은 큰 부담이 안 될 것"
이라고 말했다.

　　우리나라 신재생에너지 비중은 2014년 기준 1.1퍼센트로
경제협력개발기구 국가 가운데 최하위로, 평균 9.2퍼센트에 한
참 못 미친다. 최근 국회에서는 신재생에너지 잠재력이 높음에
도 신재생에너지 발전이 활성화하지 않는 원인이 안정적 수익
을 보장해주는 발전차액지원제도FIT가 도입되지 않아서라는 진
단 아래 '신재생에너지 개발 · 이용 · 보급 촉진법' 개정을 추진
하고 있다.

　　정부는 애초 2002년부터 신재생에너지 보급 확대를 위해
태양광 등에 대한 기준가격을 고시하고 기준가격과 원전 · 석
탄발전에 의해 결정되는 전력가격과의 차이를 보조해주는 발
전차액지원제도를 운영했으나 재정 부담을 이유로 2011년 폐
지했다. 발전차액지원제도에 소요된 재원은 전력산업기반기금
에서 조달했다. 이 기금은 전기요금의 3.7퍼센트를 강제로 부
과하는 것으로 전기 사용자의 부담금이 주요 재원이다. 전기요

금 고지서에는 '전력기금'이라고 표시된다. 이 제도 대신에 도입한 것이 신재생에너지 의무 할당제로, 일정 발전설비 용량 이상의 발전 사업자에게 전기판매량의 일정 비율을 신재생에너지로 공급하도록 의무화한 제도다. 발전 사업자는 신재생발전 사업자한테서 신재생에너지공급인증서RED를 사는 방식으로 의무를 이행하는데, 시장원리에 맡긴다고는 하지만 비용이 전력 단가에 포함되기에 어차피 소비자인 국민에게 부담이 돌아온다.

국회 예산정책처가 더불어민주당 우원식 의원의 의뢰로 분석한 결과를 보면, 소규모 태양광 발전 사업자에게 발전차액을 지원할 경우 2028년까지 12년 동안 1조 8,475억 원이 소요될 것으로 예측되었다. 현재 전력산업기반기금은 해마다 급증해 2013년 2조 4,851억 원에서 2017년 4조 1,475억 원으로 1.7배로 늘어날 것으로 예상된다. 우원식 의원은 "전력기금이 4조 원 남아도는데 연간 1,500억 원을 투입하는 것이 국가 재정에 막대한 부담은 아니다. 원전과 석탄발전에 의존하는 에너지정책을 신재생에너지 기반으로 전환하기 위해 발전차액지원제도의 부활이 필요하다"고 말했다.

천연광석

스마트폰에 도시광산 광맥이 있다

배설물도
돈이 되는 세상

원자번호 27번 은회색 금속인 코발트Co. 이집트와 중국에서 도
자기의 푸른빛을 내는 재료로 쓰이다 1735년 스웨덴 화학자 예
오리 브란트에 의해 원소가 발견되었다. 이름은 도깨비 · 악귀
를 뜻하는 독일어 코볼트Kobold에서 유래했다. 은 광석과 비슷
하게 생겨 은을 채취하려던 광부들이 도깨비가 은은 빼가고 독

한 냄새만 남겼다 하여 '도깨비광석'이라 불렀다.

원자번호 73번 강회색 금속인 탄탈룸Ta. 스웨덴 화학자 안데르스 구스타프 에케베리가 1802년 발견했다. 이름은 그리스 신화에 나오는 제우스의 아들 탄탈로스Tantalos에서 따왔다. 잘 산화하지 않는, 곧 산을 잘 흡수하지 않는 탄탈룸의 성질을 탄탈로스가 지옥의 물속에서 물을 마시려면 수위가 내려가 갈증으로 고통받는 모습에 빗댄 것이다.

두 금속의 공통점은 발견자가 스웨덴 과학자라는 사실 말고도 여럿 있다. 두 금속 모두 주로 아프리카에서 채굴된다. 코발트 생산량의 51퍼센트가 콩고민주공화국에서 채굴되고 있으며, 탄탈룸은 르완다와 콩고민주공화국에서 67퍼센트가 나온다. 둘 다 광석에 우라늄이 포함되어 채굴 광부들이 방사능 피폭에 노출된다는 점도 같다. 탄탈룸은 콩고민주공화국 무장세력의 자금줄 구실을 해서 미국 정부가 '분쟁 광물'로 지정해 사용을 제한하고 있다. 르완다에서 절반을 생산하는 것처럼 집계되어 있지만, 상당량은 실제 콩고민주공화국산이 우회 공급되는 것으로 알려졌다. 두 금속의 네 번째 공통점은 모두 스마트폰과 태블릿PC의 주요 재료로 쓰인다는 것이다. 코발트는 리튬 2차전지의 재료이고, 탄탈룸은 전자회로에서 전하를 모으는 장치인 축전기에 쓰인다.

스마트폰에 함유된 금속은 이들을 비롯해 20가지가 넘는

다. 금·은 같은 귀금속부터 팔라듐·리튬 등 희소금속이 들어
있다. 희소금속은 지하자원량이 적지만 산업적 수요가 큰 금속
원소로, 극소수 국가에 편재되어 있는 금속을 말한다. 클라우스
슈바프 세계경제포럼 회장이 예견한 제4차 산업혁명의 견인차
들, 즉 인공지능, 로봇, 사물인터넷, 자율주행차, 3D프린팅, 퀀
텀컴퓨터의 원동력도 이들 금속자원에서 나온다.

　미래학자 제임스 브래드필드 무디와 비앙카 노그레이디는
『제6의 물결』에서 18세기 산업혁명 이후 세계경제가 목화·강
철·석탄·석유·집적회로 등 자원 소비를 바탕으로 비약해왔
지만 현재와 미래의 자원 한정 시대에는 '자원의 효율성'이 발
전의 근간이 될 것이라고 짚었다. 한마디로 폐자원을 재활용해
배설물도 돈이 되는 세상이 올 것이라는 이야기다.

　현재와 미래가 자원 한정 시대라는 점은 미국 지질조사국
이 해마다 발간하는 『2016 광물자원 개요Mineral Commodity
Summaries』를 보면 쉽게 알 수 있다. 금의 가채연수(세계 매장량을
2015년 생산량으로 나눈 값)는 18.7년이다. 은 20.9년, 철 57.2년,
구리 38.5년 등 주요 금속이 바닥을 드러낼 날이 멀지 않았다.
코발트 가채연수도 57.3년에 불과하고, 83년여 뒤면 탄탈룸 천
연채굴도 동이 난다. 반면 도시에는 쓰레기가 넘쳐난다. 2100년
이면 인류가 버리는 폐자원의 양이 지금의 3배가 될 것으로 추
정되고 있다. 일본 폐자원재활용업체 도와에코시스템의 바바

겐지 이사는 지구의 총자원량은 일정해 2100년이면 지하자원이 거의 사라지는 반면 나머지 부분을 도시 안에 산재하는 지상자원이 채울 것이라고 예견했다.

　미국·유럽·일본 등은 이미 폐자원에서 광맥 찾기에 발벗고 나서고 있다. 1980년 일본 도호쿠대학 선광제련연구소의 난조 미치오 교수는 이 도시 폐자원을 '도시광산'이라 불렀다. 우리처럼 천연자원이 빈약했던 일본은 이제 자원빈국이 아니다. 일본 물질재료연구소의 추정으로, 일본에는 40조 엔(416조 원) 규모의 도시광산 자원이 매장되어 있다. 금은 세계 매장량의 16.4퍼센트, 은은 22.4퍼센트를 보유하고 있다. 2014년에만 금 143킬로그램, 은 1,566킬로그램, 구리 700킬로그램을 도시광산에서 캤다. 영국은 2012년 런던올림픽 때 폐자원에서 추출한 금속으로 메달을 만들어 자원의 재활용을 강조했다. 일본도 2020년 도쿄올림픽 메달을 도시광산에서 캔 금속들로 만들 계획이다.

　도시광산으로 성공한 세계적 기업으로는 일본의 도와홀딩스와 벨기에의 유미코어가 꼽힌다. 도와홀딩스는 도와에코시스템, 도와메탈마인, 도와일렉트로닉메탈 등 자회사들로 원료 수집에서부터 금속 회수, 정련, 금속 가공, 부품 소재 생산에 이르는 일련의 과정을 연계해 성공한 경우다. 게르마늄Ge, 루테늄Ru, 갈륨Ga, 셀레늄Se을 포함해 모두 22개 금속 회수 기술을 보유하고 있다. 금속 회수가 주력인 도와메탈마인은 영업이익이 2011년 42억 엔에서 2015년 133억 엔으로 증가했다. 5년 만에 3배다.

세계 최대의 재활용 플랜트를 보유하고 있는 유미코어는 매출(14.3조 원)의 28퍼센트가 도시광산에서 나온다. 도시광산의 영업이익 비중은 더 높아 42퍼센트에 이른다. 수십 가지의 금속을 추출하고 이를 원료로 다양한 소재 생산까지 한다. 특히 독자적인 희소금속 회수 기술을 보유해 휴대전화를 60퍼센트 정도만 분해해 빼내고 나머지는 용광로에 넣고 돌려 다른 기업들이 회수하지 못하는 희소금속까지 '채굴'해낸다.

폐휴대전화의
재활용

한국은 세계적 금속 소비국임에도 천연광석의 99.3퍼센트를 수입에 의존하고 있다. 2015년 희소금속의 무역역조 규모는 35억 달러(약 4조 1,300억 원)나 된다. 정부는 현재 수요가 있거나 앞으로 수요가 예측되는 35종, 56개 금속원소를 희소금속으로 정해놓았다. 우리가 재자원화 기술을 확보한 건 23종으로, 이 가운데 20종은 실제 폐자원에서 금속을 회수해서 사용하고

있다. 철이나 구리·납 등 비철금속, 금·은 등 귀금속을 포함
하면 회수 금속은 27종에 이른다. 2014년 국내에서 쓰인 금속
자원은 89.5조 원, 이 가운데 수입한 천연자원이 69.9조 원이고
나머지 19.6조 원은 도시광산에서 생산한 자원으로 채워졌다.
전체 금속자원 수요의 22퍼센트에 이른다.

　　하지만 철(48퍼센트), 비철금속(28퍼센트), 귀금속(14퍼센트)
이 대부분을 차지하고 희소금속은 10퍼센트에 지나지 않는다.
더욱이 도시광산 업체가 917개에 이르는데도 절반 이상이 매
출액 100억 원 이하의 소규모 기업이다. 10인 이하 소기업이
58퍼센트나 된다. 금속 회수 기술력도 앞선 나라들에 비해
70~80퍼센트 수준에 불과하다. 한국생산기술연구원 자원순환
기술정책실 김령주 연구원은 "첨단정밀제품에 활용되는 원료
는 99.9999퍼센트, 곧 6단위 이상(시그마 6)의 순도가 필요한데
우리나라는 4단위의 99.99퍼센트 순도 수준의 기술력만 보유
하고 있다"고 말했다.

　　국내 대표적 도시광산 업체로는 성일하이텍, LS-니코LS-
Nikko 정도가 꼽힌다. 성일하이텍은 2차전지 부산물을 재활용
해 코발트, 니켈, 망간, 리튬 등을 회수하고, 습식제련기술로
금·은·백금 등을 빼낸다. 배터리 회수 기술을 보유한 국가는
한국을 비롯해 벨기에, 중국 등 3개국밖에 없다.

　　스마트폰 배터리에서 코발트 등을 빼내는 방법은 복잡하

다. 우선 폭발을 막기 위해 폐전지를 방전시켜야 한다. 다음엔 전기를 통하게 하는 전해액을 빼낸다. 재활용할 수 있는 금속은 배터리 안 극판에 들어 있다. 케이스와 양극 극판 등을 물리적으로 파쇄·분쇄해 분말로 만든 뒤 자석을 이용한 자력선별 공정으로 필요 없는 물질들을 일차 걸러낸다. 나머지 물질들을 용액에 녹여 금속이온 상태로 만든 뒤 비중 선별 작업으로 원하는 금속들을 분류해 정제한다. 성일하이텍은 이렇게 추출한 물질들을 국내 배터리 양극 활물질 제조업체에 전량 공급한다.

하지만 우리나라에서 재활용에 필요한 폐휴대전화를 구하기는 쉽지 않다. 개인정보 유출 위험 등으로 사람들이 쓰지 않는 휴대전화를 잘 버리지 않는데다 중고시장 거래도 활발하지 않아 수거가 어렵기 때문이다. 성일하이텍은 2015년 말레이시아에 2차전지 재활용 공장을 세웠다. 이곳에서는 파쇄·분쇄 등 전처리까지만 하고, 금속 회수 작업은 국내에서 이루어진다. 성일하이텍 이기웅 연구소장은 "배터리는 화재 위험 등으로 국가간 이송을 제한하는 바젤협약 규제를 받는다. 현지에서 휴대전화를 수집해 해체한 뒤 금속 분말 상태로 국내로 들여오기 위해 공장을 세웠다"고 말했다.

재활용품 수집의 부진도 도시광산 활성화를 어렵게 만드는 요소지만, 회수한 금속을 활용하는 소재산업이 저조한 것도 걸림돌이다. 발전소나 비행기 터빈 블레이드(날개)에 들어 있는 천연자원 고갈 시대가 다가오면서 폐휴대전화에서 금속을 채굴하는 도시광산이 제4차 산업혁명을 견지할 주춧돌로 떠오르고 있다.

초합금에는 레늄Re이라는 원소가 5퍼센트 정도 들어 있는데, 전체 가격을 초과할 정도로 비싼 금속이다. 한국지질자원연구원 도시광산연구실 이재천 책임연구원은 "발전소 건설업체에 폐블레이드에서 금속을 회수하는 연구를 함께하자고 제안했지만 성사가 안 되었다. 레늄을 뽑아내도 레늄으로 초합금을 만들어낼 수 있는 국내 업체가 없어 소용이 없다는 이유에서였다"고 말했다. 금속 회수 기술이 있어도 뽑아낸 금속으로 필요한 재료를 만들어내는 소재 기술이 없으면 원료를 수출하는 1차 산업에 머물 수밖에 없다는 것이다.

'갤럭시를 구하라'

법체계도 해결해야 할 문제다. 도시광산에 쓰일 재활용 자원들이 모두 폐기물로 분류되어 있어 수출하기는 쉬워도 외국에서 들여오기는 까다롭다. 배터리는 도시광산이 발달한 일본이지만 전량 처리가 안 돼 우리나라에서 일부 수입하기도 한다. 하지만 우리나라에서는 사용 후 배터리가 지정폐기물로 분류되어 있는 반면 수출국가에서는 재활용 자원으로 분류되어 있어 증빙서류를 마련하는 데 3~6개월씩 지연되다 중국 등 다른 나라에 빼앗기기도 한다.

2016년 5월 29일 그동안 국회의원들과 정부가 발의해 논의되던 '자원순환사회전환촉진법' 등을 토대로 '자원순환기본법'이 제정되었지만, 도시광산을 활성화하기에는 한계가 있어 개정이 필요하다는 목소리가 벌써부터 나오고 있다. 한국생산기술연구원 자원순환기술지원센터 강홍윤 센터장은 "개별법으로 추진하다 기본법으로 승격해 선진적인 듯하지만 내용상으로는 개별법 특성이 강하다. 순환자원 개념이 여전히 폐기물에서 출발하고 있다. 폐기물과 별개로 존재하는 순환자원 개념을 정립해야 한다"고 말했다.

도시광산에서 충분히 재활용 처리를 할 수 있는 폐자원임에도 순환자원으로 전환되지 못하고 폐기물로 분류되면 이송할 때 특수차량을 사용해야 해서 비용이 1.7배 증가하고, 보관도 30일밖에 할 수 없는 등 제한 조건이 많아진다. 일본은 모든 쓰레기를 폐기물과 순환자원으로 구분해 순환자원은 허가 등 규제관리 대상에서 제외하고 있다. 독일도 자원화 가능 폐기물과 처분 대상 폐기물로 구분하고 있다.

2016년 현재 세계에서 스마트폰을 사용하고 있는 사람은 21억 6,000명으로 추산되고 있다. 10년 만에 세계 인구 10명 가운데 3명이 스마트폰을 쓰고 있는 셈이다. 태블릿PC 사용자는 12억 명(세계 인구의 16퍼센트)이다. 애플의 아이패드 출시가

2010년인 것을 고려하면 그야말로 '빅뱅' 수준의 팽창이다. 2015년 세계에서는 14억 3,300만 대의 스마트폰이 판매되었다. 이들 스마트폰 20만여 톤 가운데 유리·세라믹 등을 뺀 금속은 8만여 톤에 이른다.

독일 환경영향성 조사기관인 '외코연구소' 분석으로 세계 스마트폰 사용 기간은 2년 8개월이다. 2년 뒤면 스마트폰 도시광산에서 8만 톤에 이르는 20여 가지 금속을 '채굴'할 수 있다는 계산이 나온다. 하지만 현실은 그렇지 않다. 국제적으로 공인된 통계는 없지만 여러 연구를 종합하면 세계 폐휴대전화 수거와 재활용률은 20퍼센트에 못 미친다. 우리나라는 더 낮아 한국자원순환공제조합이 집계한 2016년 1~8월 의무량 대비 재활용과 회수량은 3.4퍼센트에 그쳤다.

배터리 폭발사고로 리콜을 한 430만 대의 갤럭시 노트7 처리는 이런 점에서 관심을 끌었다. 갤럭시 노트7 430만 대는 무게만 배터리를 빼고도 727톤에 이른다. 르노삼성자동차 SM6 5,212대, 코끼리 122마리와 맞먹는 무게다. 이 안에 들어간 주요 금속들은 코발트 2만 킬로그램 이상, 금 100킬로그램, 팔라듐 20~60킬로그램, 은·텅스텐 각 1,000킬로그램 이상으로 추정된다. 유럽연합위원회는 휴대전화의 95퍼센트가 재활용된다면 휴대전화 업계는 10억 유로(1조 2,400억 원) 이상의 원재료 제조 비용을 절감할 수 있다는 분석을 내놓았다.

국제환경단체 그린피스는 삼성전자 쪽에 갤럭시 노트7 사태를 계기로 현명한 자원활용 방안을 마련할 것을 촉구하는 '갤럭시를 구하라' 캠페인을 벌였다. 그린피스 이현숙 수석 IT캠페이너는 "앞으로 휴대전화 등 전자기기는 분해를 쉽게 해서 재활용 비율을 높이지 않으면 규제 대상이 될 수 있다. 삼성전자는 갤럭시 노트7 사태를 판매 일변도의 사업 행태를 개선하고 친환경 순환경제 시스템을 도입하는 전기로 삼을 필요가 있다"고 촉구했다.

독일 그린피스의 만프레트 잔텐 독성물질캠페이너는 "애플은 아이폰6를 로봇이 분해한다. 휴대전화 부품을 싸고 쉽게 분해하면 재활용 효율이 높아질 것이다. 이를 위해 휴대전화 업계는 일체형 배터리와 부착식 스크린 같은 판매 위주 제작 방식부터 바꿀 필요가 있다"고 강조했다. 국내외 통틀어 스마트폰의 대규모 회수는 처음 있는 일이어서, 갤럭시 노트7의 대규모 리콜 사태는 역설적으로 휴대전화 재활용 또는 재자원화의 새로운 물꼬를 틀 기회로 여겨졌다.

삼성전자는 2017년 3월 말 이런 요구에 '3가지 친환경 처리 방식' 제시로 답했다. 우선 '리퍼폰refurbished phone'으로 만들어 재판매하고, 재사용이 가능한 반도체, 카메라 모듈 등 부품을 추출해 판매·활용하며, 희소금속인 구리·니켈·금·은 등을 추출한 뒤 친환경 재활용 업체를 통해 처리하겠다는 것이다.

애플은 2017년 4월 22일 '지구의 날'을 맞아 모든 제품을 100퍼센트 재활용 자원으로 만들겠다고 선언했다. 언제부터 그렇게 할 것인지에 대해 명확히 제시하지는 않았지만, 세계 전자업계에 새로운 바람을 예고한 것은 분명하다. 삼성과 LG 등 다른 업체들도 애플의 전향적인 자세를 수수방관하지는 않을 것으로 보인다.

FUTURE & SCIENCE

②

우주선

오리온은 인류의 척후선이 될 수 있을까?

"2025년까지
인간을 화성에 보내겠다"

2016년은 화성으로 뜨거운 한 해였다. 2015년 10월에 개봉한
영화 〈마션〉의 선풍적인 인기가 이어졌고, '핫'한 억만장자들
인 일론 머스크와 제프 베저스는 화성을 두고 한판 붙을 태세를
보였다. 전기자동차 '테슬라'의 최고경영자 머스크는 "2025년
까지 인간을 화성에 보내겠다"고 호언하고 있고, 세계 최대 전

자상거래 회사 '아마존'의 최고경영자인 베저스도 "화성 이주는 멋진 일"이라며 관심이 높다.

돌아오지도 못할 최초 화성인 24명을 뽑겠다는 한 유럽 민간단체(마스원)의 계획에 20만 명 넘는 사람이 몰리고, 하와이에 만든 가상의 화성 기지가 세계 언론의 주목을 끈다. 19세기 말 화성인이 지구를 침공하는 소설 『우주전쟁』(허버트 조지 웰스 지음) 이후 이렇게 달아오르기는 오랜만이라는 말도 나온다. 하지만 허무맹랑한 상상으로 끝난 그때와 지금, 차이가 있을까? 화성은 우리 곁에 얼마큼 다가온 것일까?

우주비행사 닐 암스트롱은 달에 첫발을 내디디며 "이것은 한 사람의 작은 발걸음에 불과하지만, 인류에게는 위대한 도약"이라고 말했다. 화성에 내딛는 인간의 첫발은 상상의 세계와 현실의 세계를 가르는 기준이 될 것이다. 핵심은 당연히 우리를 화성까지 실어다줄 우주선이다. 그 주인공이 바로 미국 항공우주국NASA의 차세대 우주 탐사선, '오리온'이다.

한국항공우주연구원 최기혁 달탐사사업단장은 "여러 나라 정부와 민간에서 화성 탐사를 말하지만, 세계 각국의 경제력과 기술력을 고려했을 때 미국의 오리온은 현재 실현 가능한 유일한 유인 화성 탐사선으로, 나사의 1순위 사업이기도 하다"고 말했다. 인류의 화성까지 여정, 상상과 현실의 경계를 가를 우주선 오리온을 특징별로 차례대로 해부해보자. 나사는 2030년대에 유인 화성 궤도 비행을 마치고 2040~2050년에 화성 땅을 밟겠다는 계획이다.

1969년 7월 20일, 우주선 '아폴로'는 암스트롱을 달에 보냈다. 1961년 소련의 최초 유인 우주비행에 자극받은 존 F. 케네디 미국 대통령이 강하게 밀어붙인 아폴로는 1960~1970년대를 주름잡은 미국의 유인 우주선이었다. 이후 미국의 유인 우주계획은 '우주왕복선'이 건네받았다. 비행기 같은 형태의 우주왕복선은 한 번 사용으로 소모되지 않고 재활용할 수 있다는 점이 특징이었다. 1980~2000년대에 걸쳐 사용되었다.

처음 달에 인간을 보내고(아폴로), 우주정거장에 과학자들을 실어 나르고 데려왔던(우주왕복선) 이들의 영광은, 우주인들의 희생 위에 서 있다. 아폴로는 1호부터 사고로 출발했다. 훈련 도중 일어난 화재 사고로 우주인 3명이 숨졌다. 1986년 챌린저 우주왕복선은 이륙 73초 만에 공중 분해되어 세계인을 놀라게 했다. 당시 이륙은 텔레비전으로 중계되고 있었다. 2003년에는 컬럼비아 우주왕복선이 우주에서 지구에 돌입하던 중 사고가 발생해 우주인 7명이 숨졌다. 우주왕복선은 2011년 완전히 퇴역했다.

유인 우주탐사라는 선배들의 막중한 임무를 이어받은 오리온의 첫 번째로 꼽히는 특징은 이런 희생을 막기 위해 고안된 안전장치다. 발사중단시스템Launch Abort System, LAS이라는 이름

가장 오른쪽에 있는 부분이 발사중단시스템이고, 그다음
이 승무원 모듈이다. 오리온의 부분별 해체 모형도.

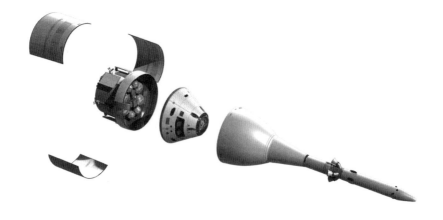

의 이 시스템은 오리온의 앞머리를 차지하는 뾰족한 부분인데, 깔때기와 같이 생겼다. 깔때기의 넓은 부분이 우주인들이 타는 '승무원 모듈'과 결합하는데, 특수재질의 몸체가 모듈을 감싸 주변의 열에서 승무원을 보호한다. 로켓 추진체 등이 폭발하는 최악의 경우, 깔때기는 밀리세컨드ms(1,000분의 1초) 단위 시간에 순간적으로 약 18만 킬로그램힘kgf(지구 표준중력가속도에서 1킬로그램의 물체가 받는 힘)의 추진력을 발생시켜 승무원 모듈을 로켓에서 떼어내 도망시킨다. 이는 코끼리 26마리를 들어올리는 힘으로 레이싱 자동차보다 42배 빠르게 가속하는 정도다. 이후 이 안전장치는 폭발 지점에서 먼 곳으로 승무원 모듈을 향하게 한 뒤, 팅겨 보내서 안전한 곳에 낙하산을 펴고 내려앉게 해준다.

인류 최초의
'심우주 유인 탐사선'

발사중단시스템이 전에 없던 인상적인 기능이긴 하지만, 오리온의 핵심은 역시 승무원이 탑승하는 '승무원 모듈'과 주요 기능을 맡는 '서비스 모듈'이다. 승무원 모듈은 말 그대로 승무원이 탑승하는 우주선으로 최대 6명까지 수용 가능하다. 첫 화성 비행 때에는 4명이 탑승할 계획이다. 모듈은 원뿔에서 뾰족한 부분을 잘라낸 것처럼 생겼다. 달에 갔던 아폴로와 같은 형태다. 승무원들은 모듈을 바닥에 두었을 때 하늘을 바라보고 눕는 방식으로 탑승하게 된다. 하지만 지표면에서 위를 향해 나아가는 탈것이라는 점을 고려하면, 사실 눕는다기보다는 앉는다는 표현이 적절하다.

모양은 아폴로와 유사하지만 오리온은 수십 년 사이 등장한 신기술들로 무장했다. 단적인 예가 조종석이다. 아폴로는 2,000개에 달하는 무수한 스위치가 배열되어 보는 이의 입을 벌어지게 했다면, 오리온은 터치스크린 3개를 중심으로 단순화시켰다. 개발진의 리 모린 박사는 "스위치를 60개로 줄였다. 그만큼 이를 연결하는 내부의 전선 회로도 단순화시켰는데, 설계의 유연성을 높인 것"이라고 설명했다. 또한 이 모듈은 격렬한 발사 때와 2,700도에 달하는 고온을 견뎌야 하는 대기권 재돌입 때 우주인들이 자리 잡는 곳이기 때문에 단일벽 탄소 나노튜브와 같은 첨단 소재 기술도 도입되었다.

승무원 모듈의 공간은 바닥 지름 5미터에 높이가 3미터 정도다. 화성까지 가는 내내 이런 비좁은 공간에서 부대끼며 생활해야 한다면, 승무원들은 절반도 못가 서로 잡아먹을지도 모른다. 지구에서 화성까지 걸리는 시간은 둘의 위치에 따라 차이가 있지만 6~8개월가량 걸릴 전망이다. 이 때문에 우주선이 일단 우주 공간에 진입하고 난 뒤 사람들이 거주할 수 있는 별도의 공간을 부착하는 방안도 구상되고 있다. 이를 '심우주 주거 공간deep space habitat'이라고 한다. 심우주란 지구에서 달 사이의 비교적 '앞마당'에 해당하는 우주와 대비해서 먼 곳의 깊은 우주를 뜻하는 말이다. 오리온은 계획대로면 인류 최초의 '심우주 유인 탐사선'이 되기도 한다.

나사는 2015년 '탐사 파트너들의 차세대 우주기술NextSTEP'이라는 계획에 따라 민간회사들의 주거 공간 개발 아이디어를 공모해 자금을 지원하겠다고 밝혔다. 몇 가지 계획이 제안되었다. 대표적인 구상을 보면, 원통형의 주거 공간과 그만큼 늘어난 무게를 감당할 극저온추진엔진 등이 오리온 머리 부분 앞에 부착되는 형태다. 부착 방법은 지구 궤도에 떠 있는 국제우주정거장에 필요한 부품들을 미리 올려놓고 오리온을 띄운 뒤 정거장이나 그 부근에서 결합하는 방법 등이 거론된다.

하지만 주거 공간은 장기 탐사를 위한 최소한의 조건에 머물 뿐이다. 최기혁 단장은 "화성 항해와 귀환까지 승무원은 모두 1년 반 넘게 우주 공간에 머물게 되는데 이 경우 신체에 어떤 일이 벌어질지 충분히 연구되지 않았다. 또 밀폐된 공간에서 6명이 장기 생활할 경우 발생하는 갈등과 스트레스도 사회과학 연구 분야"라고 말했다.

서비스 모듈은 태양광 패널이 날개처럼 달린 뒷부분으로, 승무원 모듈에 결합해 우주 공간에서 오리온에 추진력을 제공한다. 또 실험하는 데 쓸 전기를 생산·저장하고 공기와 물, 적절한 온도를 우주인에게 제공하는 생존의 핵심적인 기능을 담당하는 부분이다.

이런 무거운 우주선을 지금껏 인간이 밟아보지 못한 공간까지 날려 보내려면 추진 로켓도 강력해야 한다. 나사는 오리온을 위한 초대형 추진체도 새로 만들고 있다. 이는 우주발사시스템Space Launch System, SLS이라고 부른다. 이 로켓은 지금까지 만들어진 가장 강력한 로켓이 될 전망이다. 2011년 계획이 처음 공개되어 한창 개발 중인 이 로켓은 최종 화성 탐사 시기까지 4단계에 걸쳐 점차 강화되어 개발될 계획이다. 최종 단계인 '블록 2 카고'는 순간적으로 140톤을 지고 날아오를 수 있다. 아폴로를 우주로 보냈던 새턴V 로켓도 한때 140톤 무게를 싣고 발진하는 데 성공한 바 있다. 우주발사시스템은 새턴V에 비해 더 효율이 높고 조립이 쉬우며 저렴하게 설계되었다. 오리온과 우주발사시스템의 설계는 치밀하다. 그렇다면 계획은 현재 어떤 단계에 와 있을까? 실현 가능성은 있는가?

"다른 세계에서도
생명이 자랄 수 있는가?"

오리온은 현재 나사의 의뢰를 받아 민간제조사 록히드마틴이 만들고 있다. 록히드마틴은 오리온 함체艦體 외벽에 추진용 튜브 용접을 다는 중요한 단계에 접어들었다고 밝혔다. 오리온이 계획대로 조립 중이라는 뜻이다. 2014년 12월, 나사는 오리온 완성 앞에 놓여 있던 매우 큰 언덕 가운데 하나를 넘었다. 실험용 오리온의 첫 우주 공간 발사 실험이다. 사람을 태우지 않은 오리온은 지구 궤도에서 4시간 24분을 성공적으로 비행하고 태평양에 계획대로 착수했다.

2030년 화성 비행 계획의 차질 여부를 결정짓는 중요한 분수령은 우주발사시스템에 오리온을 실어 쏘아올리는 2018년 11월이다. 오리온은 달을 돌고 지구로 되돌아오는 경로를 날 예정이다. 아직 사람은 타지 않는다. 이 과정에서 달 궤도에 6개의 큐브샛(정육면체 모양의 인공위성)을 올려놓는 임무도 수행한다. 최초 유인 비행은 2021년이 목표다. 우주인 4명을 태우고 달을 돌 계획이다. 2026년에는 최초의 심우주 유인 탐사를 시도한다. 지구 주변으로 다가오는 소행성을 향해 우주인이 날아가 경로 조정 가능성 등을 실험한다. 그리고 2030년대에 오리온은 드디어 화성을 목표로 출항하게 된다.

물론 나머지 과정이 순탄할지는 미지수다. 온갖 천재들이 모인 나사에서도 끊임없이 사고를 피할 수 없었던 역사를 보면 개발 과정에서 예기치 못한 일들이 발생할 가능성을 배제할 수 없다. 노련한 사업가인 머스크의 민간 로켓기업 '스페이스X'도 페이스북 최고경영자 마크 저커버그의 아끼는 위성이 실려 있던 팰컨9 로켓의 폭발 사고를 막지 못했다.

성패를 결정하는 다른 중요한 문제는 돈이다. 오리온은 애초 조지 W. 부시 행정부의 우주계획인 '컨스털레이션(별자리) 프로그램'에 포함되어 있었다. 국제우주정거장과 달을 거쳐 심우주를 잇는 거대한 장기 유인 우주탐사 계획이다. 하지만 버락 오바마 미국 대통령은 2010년 너무 많은 예산이 든다는 이유로 이 계획을 취소했다. 당시 미국은 서브프라임 모기지 사태 등으로 허덕이던 상황이었다. 오리온은 구사일생으로 살아남았다. 하지만 미국 회계감사원은 의문을 제기했다. 감사원은 "나사가 이 계획을 서둘러 성공시키고자 위험을 가중시키고 있다"며 "(필요보다) 예산이 부족한 점이 큰 문제"라고 지적했다. 도널드 트럼프 대통령은 자신의 재임 기간에 미국인이 화성을 밟는 모습을 보겠다는 계획인 것으로 알려져 있지만, 구체적인 계획에서 획기적인 변화가 없는 이상, 이는 빈말에 그칠 가능성이 크다.

일부는 우주발사시스템이 너무 비싸다는 점을 문제 삼는

다. 우주발사시스템에는 개발에서 2018년 첫 발사까지 모두 70억 달러(약 7조 7,000억 원)가 들 전망이다. 우주접근협회Space Access Society 같은 민간단체들은 "나사가 너무 많은 예산을 이 로켓에 투자해 다른 우주 프로젝트의 기회를 박탈하고 있다" 며 "로켓은 민간에 맡기고 나사는 다른 곳에 투자를 늘려야 한 다"고 주장한다. 머스크는 25억 달러만 있으면 더 강력한 140~ 150톤급의 로켓을 만들어낼 수 있다고 자신한다. 미국 의회에 서도 이런 주장에 동조하는 의원들이 일부 있다. 하지만 민간의 화성 탐사 시도에 대해 최기혁 단장은 "기업은 비용을 이유로 안전에 들어갈 예산을 삭감하는 경향이 있기 때문에 섣부른 접 근은 위험하다고 본다"고 말했다.

2030년 화성에 유인 탐사선을 보내는 데 성공한다 해도, 영화 〈마션〉과 같이 화성 흙으로 감자를 기르는 것 같은 일은 바로 일어나지 않을 것이다. 화성 궤도까지 인간을 보내는 것 못지않게, 인간이 화성 땅에 내려갔다가 다시 올라오기가 어렵 기 때문이다. 화성은 지구 절반 크기에 중력은 3분의 1 정도이 지만, 탈출하려면 5km/S의 속도를 내야 한다. 소설 『마션』을 보 면 나사는 우주인이 화성 땅을 밟기도 전에 미리 귀환용 로켓을 화성 땅에 떨구어 놓는다는 설정을 제시한다. 나사는 이르면 2040년대에 화성을 밟겠다는 목표다.

이런 난관들에도 굳이 화성에 가야 할 이유란 무엇일까?

화성이 하루가 24시간 37분으로 지구와 비슷하고, 뜨거운 금성이나 구름 행성인 목성에 비하면 그래도 살 만한 행성이라는 점이 하나의 매력이다. 덕분에 무서운 속도로 지구 자원을 소모하는 인간이 개척할 새 거주지로 부각되고 있는 것도 사실이다. 하지만 이런 미래의 경제성과 달리 현재의 개척에 앞장서고 있는 과학자들은 다른 이유를 꼽는다. 나사의 선임과학자인 엘런 스토팬은 화성 탐사의 이유에 대해 나사 블로그를 통해 이렇게 말했다.

"이는 인류가 오래도록 숙고해온 근본적인 질문에 대한 답을 찾는 과정이기 때문이다. 우리는 혼자인가? 다른 세계에서도 생명이 자랄 수 있는가? 그렇다면 그것은 생명 자체에 대해 무엇을 말해줄 것인가란 질문에 대한 답 말이다."

온갖 역경이 있지만 언젠가 한 사람이 화성에서 생명의 흔적과 조우하는 순간, 인류 역사는 새로운 장에 접어들지 모른다.

우주선

로봇

인간을 대체할 수 있을까?

로보캅과
아이언맨

1987년 영화 〈로보캅〉은 우리가 상상하는 로봇의 움직임을 정
의했던 희대의 작품이었다. 그런데 최종 작품과 다르게 원래 로
보캅의 설정은 뱀처럼 상대를 요리조리 피하며 유려하게 움직
이는 것이었다고 한다. 뻣뻣하게 걸으면서 둔중하게 악당들을
처단하는 이미지는 애초 의도된 바가 아니었다. 영화 데이터베

이스 홈페이지IMDb에서 그 뒷이야기를 보면, 당시 돈 100만 달러(약 11억 원)를 들여 만든 지나치게 사실적인 슈트가 배우의 그런 움직임을 허락하지 않았다.

이 때문에 촬영은 중단되었고 감독 폴 버호벤과 동작연출가 모니 야킴은 묘책을 짜내야 했다. 그렇게 슈트에 맞춰 어쩔 수 없이 탄생한 것이 로보캅을 상징하게 된 경직된 동작들이다. 이는 영화를 넘어 오랫동안 '로봇' 하면 대중이 떠올리는 대표 이미지로 자리 잡게 되었다. 하지만 근래 들어 강력한 후배가 이 자리를 치고 오르고 있다. 역시 할리우드 영화로 만들어지며 세계적 유명세를 타고 있는 '아이언맨'이다.

현대자동차그룹 의왕연구소에서는 아이언맨의 한국판이 만들어지고 있다고 한다. 2016년 7월 경기도 의왕시의 이 연구소를 찾았다. 현대자동차그룹은 앞서 5월 자신들이 꿈꾸는 모빌리티(이동수단)의 미래 가운데 하나로 '웨어러블 로봇'을 꼽으며 개발 중인 모델을 공개했다. 웨어러블 로봇이란 말 그대로 사람이 입는 형태의 로봇을 말한다. 영화 〈아이언맨〉을 보면 주인공 토니 스타크는 평상시 보기에 평범한 사람이다. 하지만 기계 갑옷을 온몸에 두르는 순간 초인적인 힘을 발휘한다. 그의 슈트는 내부의 약한 육체를 보호할 뿐 아니라 외부 구조 자체가 기중기처럼 강력한 힘을 낸다. 심지어 발과 손의 추진장치를 이용해 자유자재로 날기까지 한다. 인공지능 운영체제가 주변 정보 분석도 도맡아 해준다. '아이언맨의 한국판이라니!' 기대감이 부풀지 않을 수 없었다.

연구실을 찾으니 개발을 이끌고 있는 현동진 박사를 비롯한 연구원 7명이 모두 맡은 일에 분주했다. 널찍한 연구실에는 기계 장치들이 여기저기 널려 있었다. 정경모 책임연구원이 간단한 브리핑을 해주었다. "저희는 세 종류 모델을 개발해왔습니다. 의료용 착용로봇 H-MEX, 산업용 보조로봇 H-WEX, 보행 보조로봇 H-LEX 등이죠."

체험에 들어갔다. 먼저 산업용 H-WEX다. 가방처럼 어깨에 메고 구동하면 로봇이 허리를 꽉 잡아주는 느낌이 오는데, 허리를 구부려 무거운 물건을 들어올릴 경우 등 부분의 모터에서 힘을 발생시켜 작은 힘으로도 쉽게 물건을 들어올리게 해준다. 바닥에 놓인 5킬로그램 가방을 들어올려 보았는데, 굽혔던 허리를 펼 때 로봇이 잡아 올려주는 느낌이 좋았다. 무게 차이는 크게 느끼기 힘들었는데 몇 백 그램쯤 가벼워지는 것 같았다. 정경모 연구원은 "작은 변화지만 하루 수백 개의 물건을 옮기는 직종의 사람들이 쓴다면 그 차이는 매우 크다"고 말했다.

이어서 의료용 H-MEX를 착용했는데, 이 로봇은 당혹스러웠다. 하반신 마비 환자의 보행을 보조하는 용도인데, 양다리를 정강이부터 허벅지까지 단단히 로봇에 고정시키고 사용한다. 양손에 쥔 지팡이가 로봇과 한 세트인데, 리모컨 역할도 한다. 지팡이의 '걷기' 단추를 누르면 로봇이 걸음을 시작하는 식이다. 내 시도는 엉망이었다. 단추를 누르자 앞으로 나아가기보다 뒤뚱거리거나 뒤로 넘어지기 일쑤였다. 주변 연구원들이 사고에 대비해 지켜봐 불상사는 없었다. 20분가량 진땀을 빼고서야 겨우 로봇 걸음이 안정되었다. 간신히 정신을 차리면서 한 생각이 머리를 스쳤다. '아이언맨을 기대하고 왔는데 로보캅이 되었군.' 현동진 파트장은 '다리가 기능하는 일반인은 적응에 시간이 걸린다. 전혀 움직이지 못하는 마비 환자는 기계에 완전히 몸을 내맡기기 때문에 오히려 쉽게 쓴다'고 말했다.

웨어러블 로봇은 외국에서는 '동력을 갖춘 외골격powered exoskeleton'이라는 이름으로 더 익숙하다. 살 안에 뼈가 있는 인간과 반대로 게나 곤충은 딱딱한 겉껍질 안에 살이 있는데, 이런 구조를 외골격이라 한다. 웨어러블 로봇은 인공적으로 만든 인간의 외골격인 셈이다. 인간의 능력을 보강하는 이런 외골격 아이디어를 근대적 기술로 처음 제안한 이는 러시아 발명가 니콜라스 얀이다. 1890년 그는 뼈대와 스프링 등을 적절히 이어붙인 구조물을 착용하면 사람이 좀더 잘 달리고 뛰어오를 수 있으리라 생각하고 설계도까지 그려 특허로 출원했다. 주동력은 착용자의 힘이지만, 보조동력으로 등에 멘 압축가스를 제안했다.

하디맨과
탈로스

인터넷, 로켓 등 현대에 쓰이는 많은 기술이 그렇듯이, 지금의 로봇 개념에 가까운 형태로 처음 구체화된 곳은 미군이었다. 극한의 임무를 수행할 수 있는 '슈퍼 솔저(초인 병사)'는 예나 지금이나 권력자와 지휘관들의 구미를 돋우는 메뉴이기도 하다. 최초의 시도는 1965년 군의 의뢰를 받은 제너럴일렉트릭GE사에 의해 이루어졌다. '하디맨'이라는 이름의 프로젝트는 착용한 사람의 힘을 25배 증폭시켜 최대 680킬로그램까지 무난하게 들어올리게 하는 것이 목표였다.

하지만 이 계획은 결국 허무맹랑한 것으로 드러났다. 1969년 실제 만들어져 실험에 쓰인 로봇은 자체 무게만 750킬로그램에 달해 전혀 실용성이 없었다. 또 스위치를 올리니 사람의 관절이 움직이는 범위를 넘어서는 이상 작동까지 보였다. 이 경우 착용자가 끔찍한 사고를 당할 수 있기 때문에, 결국 인간 탑승 실험 전에 폐기되었다. 이 문제는 이후 웨어러블 로봇 연구자들이 가장 주의하는 주요 문제가 되었다.

다른 유명한 실패작으로는 '헐크HULC'가 있다. 2009년 록히드마틴사가 개발에 착수한 이 프로젝트는 90킬로그램의 무게를 진 군인이 시속 16킬로미터로 꾸준히 갈 수 있도록 돕는 제너럴일렉트릭사가 만든 하디맨은 사람의 힘을 25배 증폭시켜 최대 680킬로그램까지 들어올리게 하는 것이 목표였지만, 상용화에 실패했다.

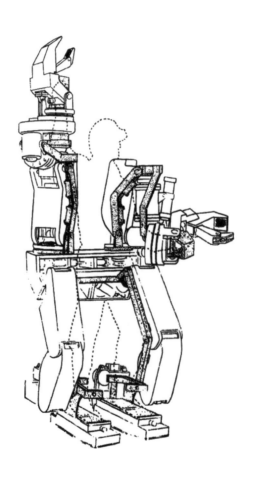

로봇을 만드는 것이 목표였다. 이 로봇은 실제 만들어져 시연도 되었지만 결국 폐기되었는데, 착용한 이의 근육에 무리를 주는 바람에 실효성이 없었기 때문이다.

그러나 군사용 로봇을 개발하려는 시도는 세계 곳곳에서 꾸준히 이어져 우리나라 국방과학연구소ADD도 진행 중에 있다. 국방과학연구소는 웨어러블 로봇 개발 현황을 묻는 질문에, 구체적인 내용은 공개가 어렵지만 "군사용 착용형 근력증강로봇 개발을 위해 (착용자의) 운동의도 인식 기술, 고속 연동제어 기술 등의 알고리즘 연구를 주도적으로 수행하고 있는 중"이라고 밝혔다. 이 연구는 2016년에 종료되었고, 2020년 완료를 목표로 '복합임무용 근력증강로봇 개발'이 착수될 예정이다.

미군도 미련을 버리지 못하고 있다. 미국 특수전사령부 SOCOM는 2013년 '탈로스TALOS' 계획을 발표했다. 탈로스는 그리스신화에 등장하는 거인 청동 로봇의 이름이기도 한데, 특수전 보병이 입을 수 있는 양산형 웨어러블 로봇을 말한다. 몸 전체를 덮는 방탄 갑옷에, 자체 발전 동력으로 움직임을 향상시키고, 고감도 센서와 통신 기능으로 주변 위험을 사전에 예견하는 지각력 등을 착용자에게 제공하는 것이 목표다. 미군은 개발에 총 8,000만 달러(약 880억 원)를 들여 2018년까지 전장에 투입하겠다는 계획이다.

하지만 이런 계획들은 현실과 동떨어져 있다는 비판을 받아왔다. 미국 공화당 상원의원이던 톰 코번은 2014년 정부의 황당한 예산 낭비 사례들을 모아 '낭비책Wastebook'이라는 보고서를 냈다. 이 보고서는 탈로스에 대해 "홍보 영상은 만화 속 장비처럼 그리고 있지만, 현실에서 슈트를 입은 병사들은 달리고 쏘는 데도 애를 먹고 있다"며 "8,000만 달러 예산으로는 이런 장비의 밑그림조차 그리지 못할 것"이라고 지적했다.

'우리는 아이언맨을 만들 수 있는가'

더딘 군사용에 비해 현재 기술 수준에서 상용화 시도가 가장 활발하게 일어나고 있는 분야는 의료용이다. 2000년대 중반부터 세계 여러 연구자와 발명가가 의료용을 주 타깃으로 하여 다양한 벤처기업을 설립하고 이 분야에 뛰어들기 시작했다. 일본 쓰쿠바대학의 산카이 요시유키 교수가 2004년 세운 '사이버다인', 미국 실리콘밸리를 기반으로 2005년에 설립된 '엑소 바이오닉스', 이스라엘 기업으로 2011년 처음으로 미국 식품의약국 승인을 얻은 '리워크' 등이 여기에 속하는 대표적인 기업들이다. 국내에서 2008년 처음으로 장애인을 위한 웨어러블 로봇 '헥사'를 공개한 바 있는 한양대학교 한창수 교수(로봇공학과)도

"의료용이 가능성이 가장 높은 분야"라고 말했다.

의료용 가운데에도 주요 제품군은 현대자동차그룹의 'H-MEX'와 같이 하반신 마비 환자가 다시 걷도록 돕는 제품들이다. 주요 회사들의 홈페이지를 가보면 모두 이런 제품들을 주력으로 소개하고 있다. 구체적인 기술 사양과 성능 등 세부적인 면에서 차이는 있지만, 이들 제품은 모두 H-MEX와 비슷한 방식으로 작동한다. 현대자동차그룹의 현동진 파트장은 이런 로봇이 특별한 가치를 지니고 있다고 설명한다. "휠체어 신세를 지던 사람이 서서 다른 이와 얼굴을 마주할 수 있게 되었을 때, 신체적·심리적으로 얻는 자신감은 일반인이 이루 표현할 수 없죠." 이 회사들이 공개한 홍보 영상을 보면 마비 환자가 처음 걷게 되었을 때 기쁨을 넘어선 감동이 그들 얼굴에서 새어나온다.

비록 세계 각지의 여러 회사가 활발하게 활동하고 있지만 의료용을 포함한 외골격 로봇의 시장 규모 자체는 아직 작다. 시장조사업체 윈터그린리서치는 2014년 기준 세계 연간 외골격 로봇 시장의 규모가 1,650만 달러(약 180억 원)라고 집계했다. 10년 전에 열린 시장치고 왜소한 규모다. 주요 이유로는 가격이 꼽힌다. 마비 환자를 다시 걷게 하는 로봇은 회사와 모델에 따라 차이가 있지만 1~6억 원 수준의 가격이다. 워낙 고가라 수요도 적고 보험 보장 범위에도 포함되지 않는다. 또한 전체 생산량이 많지 않다 보니 제품의 단가를 떨어뜨릴 수 있는 규모의 경제도 일어나지 못한다.

한창수 교수는 "아직 '얼마나 제 기능을 할까' 하는 대중의 의구심도 있어 대량생산 체제가 만들어지지 못했다"고 말했다. 한창수 교수의 헥사시스템즈는 본격적으로 제품들을 출시할 계획이다. 현대자동차그룹은 2018년 상용화가 목표다. 현동진 파트장은 "기존 제품들과 동급의 성능에서 효율성을 높여 가격은 40퍼센트 수준으로 떨어뜨릴 계획"이라고 말했다.

강화형 로봇은 실패를 거듭했고 보강형은 경제성의 난제가 놓여 있다. 결국 아이언맨은 불가능한 꿈일까? 전문가들은 산의 높은 정상부터 볼 게 아니라 눈앞의 낮은 곳에서부터 차근차근 시작하는 게 답이 될 수 있다고 말한다. 과학전문지『사이언스』는 2015년 '우리는 아이언맨을 만들 수 있는가'라는 질문을 던지며 분석 기사를 내보냈다. 저널은 질문의 관점을 바꿔서 보아야 한다고 주장했다. 아이언맨이란 크거나 강력한 로봇이 아니라 인간이 더 적은 수고로도 더욱 강력한 힘을 낼 수 있도록 돕는 기계적인 요소라는 의미다. 즉, 효율을 높일 수 있는 '작은' 변화가 오히려 강력한 성취가 될 수 있다는 지적이다. '헐크'의 사례는 상징적이다. 아무리 목표 기능을 성취한 로봇이라도 결국 사용자가 피로하면 아무짝에도 쓸모없다는 것이다.

사람과
배터리

미국 방위고등연구계획국DARPA의 의뢰로 하버드대학 응용과학과 코너 월시 교수가 이끄는 '워리어웹'은 이런 관점을 취하고 있다. 특수전사령부의 '탈로스' 계획과 반대에 선 접근법인데, 이들은 이를 '소프트(약) 외골격 로봇'이라고 부른다. 그의 로봇은 로봇이라기보다는 도구에 불과할 정도로 초라해 보인다. 정강이 쪽에 부착하는 천과 와이어들, 데스크톱 컴퓨터가 쓰는 정도의 전기를 소모하는, 허리에 차는 작은 배터리가 전부다. 이렇게 해서 무게가 모두 9킬로그램 정도에 불과하다.

하지만 『사이언스』는 이 웨어러블이야말로 실질적인 운동 능력 향상을 가져올 수 있는 모델로 평가했다. 인간 다리 근육의 작동 방식을 면밀히 분석하고 적절한 동력을 보강하는 방식으로 실제 노력에 비해 보행 속도를 높이고 피로를 낮추는 실질적인 성과를 올릴 수 있기 때문이다. 연구진은 이 슈트를 통해 7퍼센트의 보행 효율이 향상되었다고 설명했다.

현대자동차그룹 의왕연구소에서 체험이 끝난 뒤 현동진 파트장에게 개발 과정에서 무엇이 가장 어려운지 물었다. 그는 '사람'이라고 답했다. "사람이 들어가면 모르는 변수가 너무 많아집니다. 그리고 사람과 바로 맞닿는 부품은 더욱 안전하게 가

공해야 하는 점도 힘들죠." 절반은 인간이고 절반은 기계였던 로보캅이 두드러지게 로봇처럼 보일 수밖에 없었던 이유는 비싼 돈을 들여 멋지게 제작한 슈트에 배우의 몸을 맞추려다 보니 나타난 피할 수 없는 결과였다. 인간을 슈트에 맞출 게 아니라 슈트를 인간에게 맞추었다면, 로봇에 대한 우리의 지금 이미지도 조금 다르지 않았을까?

이런 식의 작은 혁신들이 모여 결합하면 비로소 아이언맨이 탄생할지도 모를 일이다. 한창수 교수는 "자동차를 떠올리면 이해가 쉽다"고 말했다. 그는 "처음 자동차가 등장했을 때 지금의 고급 세단 같은 것을 만들려고 했으면 도저히 엄두도 내지 못했을 것이다. 타이어, 섀시, 컴퓨터 등 각 부문 기술이 발전해서 결합되니 비로소 지금의 자동차가 탄생한 것"이라고 말했다. 웨어러블 로봇도 그런 여러 기술의 결합이 일어나는 식으로 발전하리라는 전망이다.

한창수 교수는 현재 가장 큰 기술적인 걸림돌로 '배터리'를 꼽았다. "아이언맨의 설정을 보면, 핵발전소 한 기 분량의 전력을 내는 초소형 핵융합 발전기를 동력원으로 하고 있죠. 가볍고 고효율의 동력원 개발이 가장 중요합니다." 미국 탈로스 로봇의 예상 무게도 180킬로그램인데, 이 가운데 배터리 무게만 92퍼센트(165킬로그램)를 차지한다. 배터리 기술은 기계와 무관한 화학이나 소재, 에너지 분야의 전문 영역이다. 2000년대 중

로봇

반 이후 큰 도약을 보이지 못하고 있는 웨어러블 로봇 분야이지만 이런 외부 분야의 혁신이 일어나면 획기적인 전기가 마련될 수도 있는 셈이다. 윈터그린리서치는 2021년 이 시장 규모가 21억 달러(약 2조 3,000억 원)에 달할 것으로 전망했다.

특히 주목되는 것은 인구 고령화 문제에 대한 대안으로서다. 현동진 파트장은 "우리가 노인이 될 때쯤에는 웨어러블 기술이 옷 속에 삽입될 정도로 충분히 소형화될 것이다. 그러면 나이에 따른 근력 약화 문제는 사라지게 될 것"이라고 전망했다. 한창수 교수는 "웨어러블은 고령층의 신체 향상을 도울 뿐 아니라, 산업 보조용으로 근로자의 근골격계 질환을 줄이고 산업재해를 막아 보존의 기능도 수행할 것"이라며 "이로 인해 노인층은 운동 능력이 떨어진다는 우리의 생각이 바뀌게 될 것"이라고 말했다.

언어

언어통일 시대가 온다

"판도라의
상자가 열렸다"

다른 사람의 생각을 읽을 수 있다면 그것은 축복일까 불행일
까? 당장 시험 시간에 선생님의 마음을 읽거나, 끌리는 이성의
속마음을 알 수 있으니 멋진 일일 것만 같다. 하지만 친구들의
나에 대한 여과되지 않은 평가, 주변 사람들의 충격적인 생각
(우리도 가끔 다른 사람에게 차마 꺼내놓지 못할 이상한 상상도 하지

않는가)을 듣는 것은 오히려 저주일지도 모른다. 어쩌면 세상 나라마다 서로 다른 언어도 이런 듣지 않아도 될 생각들을 듣지 않도록 해주는 안전장치 구실을 해왔는지도 모른다.

예를 들어 우리나라 극우 사이트 일간베스트(일베)의 일본 혐오 게시물을 일본인 친구가 우연히 본다면 어떨까? 반대로 우리가 일본 극우 사이트의 게시물을 자유롭게 본다면 일본 전체에 대한 선입관이 강화되지는 않겠는가? 그런데 인공지능 번역 기술의 발전이 이런 가림막이 사라지는 시대의 도래를 당기고 있다.

"주께서는, 사람들이 짓고 있는 도시와 탑을 보려고 내려오셨다. 주께서 말씀하셨다. '보아라, 만일 사람들이 같은 말을 쓰는 한 백성으로서, 이렇게 이런 일을 하기 시작하였으니, 이제 그들은, 하고자 하는 것은 무엇이든지, 하지 못할 일이 없을 것이다. 자, 우리가 내려가서, 그들이 거기에서 하는 말을 뒤섞어서, 그들이 서로 알아듣지 못하게 하자.' 주께서 거기에서 그들을 온 땅으로 흩으셨다. 그래서 그들은 도시 세우는 일을 그만두었다. 주께서 거기에서 온 세상의 말을 뒤섞으셨다고 하여, 사람들은 그곳의 이름을 바벨이라고 한다. 주께서 거기에서 사람들을 온 땅에 흩으셨다."(「창세기」 11장 5~9절)

『성경』에 등장하는 바벨탑의 이야기는 인간이 다양한 언어를 갖게 된 이유에 관한 신화다. 인간의 오만은 신이 있는 하늘에 도달할 정도의 거대한 탑을 건설하게 했고, 이를 용납할 수 없었던 신은 언어로써 인간을 벌했다. 언어학자들은 실제 전 세계 언어가 5,000개에서 7,000개 사이 정도 되는 것으로 추정한다. 그러나 기술의 발전은 드디어 이런 신의 형벌마저 깨뜨릴 수준을 바라보게 되었다. 2016년 등장한 인공신경망 기반의 기계 번역이 그 주인공이다.

2016년 말, 국내 최대 포털사이트 네이버와 인공지능 분야 세계적 선두주자 구글은 나란히 인공지능 기반 번역 서비스를 내놓았다. 네이버는 인공신경망 기술을 적용한 새로운 번역 서비스 '파파고'를 10월에, 구글은 기존 '구글 번역'에 인공신경망 기술을 적용한 완전히 새로운 수준의 번역 서비스를 11월에 출시한 것이다.

우리는 이미 알파고와 이세돌 9단의 바둑 경기를 통해서 인공지능의 불가사의한 능력에 대한 시사회를 관람한 바 있지만, 구글의 새 번역 서비스는 전 세계 트위터 타임라인에서 큰 화제를 몰고 왔다. 구글은 최초의 별도 알림 없이 인공지능 번역을 '조용히' 적용했는데, 어떻게 하룻밤 사이에 번역이 이렇게 좋아질 수 있는지 많은 사람이 놀랐던 것이다. 『뉴욕타임스』는 12월 '위대한 인공지능의 각성'이라는 제목의 기사로 이를 집중적으로 다루었다. 일본 도쿄대학 정보학과 레키모토 준 교수는 이 신문과 한 인터뷰에서 영어 소설 『위대한 개츠비』를 놓

언어 _____

고 소설가 무라카미 하루키 번역본과 구글 번역을 직접 비교한 예를 들며 "작은 부자연스러움"을 빼면 "(구글 번역이) 더 명확했다"고 놀라워했다. 7년 경력의 영한 번역을 전문으로 하는 김정균 번역가는 새 구글 번역을 두고 "판도라의 상자가 열렸다"며 두려움에 떨었다.

'인공신경망 기반 번역'
시대가 왔다

하지만 인간이 이 수준에 도달하기까지 '기계 번역' 기술의 역사는 60년을 거슬러 올라간다. 1950년대 냉전 초기, 미국의 과학자들은 당시 소련의 말을 컴퓨터로 번역하기 위해 박차를 가하고 있었다. 이들은 번역을 제2차 세계대전의 독일군 암호 해독과 비슷하게 여겼다. 러시아어와 영어의 법칙을 풀어 코드를 입력하면 컴퓨터가 러시아어를 영어로 술술 풀어내리라고 생각한 것이다. 이런 믿음은 미국 정부의 예산 지원과 함께 10년 동안 이어졌지만 결실을 맺지 못했고, 1966년 위원회까지 꾸려 검토에 나선 미국은 이 계획이 성공할 수 없다고 결론 내렸다. 기계 번역은 이후 20년가량 동면을 맞게 된다.

　사실 언어의 법칙을 풀겠다는 방식 자체가 이런 실패를 예정하고 있었다. 언어란 복잡 미묘해서 해독 규칙을 많이 입력하면 할수록 결과는 이상해지기 마련이기 때문이다. 인터넷에 나도는 '번역기 개그'가 좋은 예다. 동요 '짤랑짤랑'을 과거 번역기에 넣고 영어로 번역했다 다시 한글로 번역하면 "으쓱 으쓱~"이 "공포의 떨림과 공포의 떨림과~"로 나오는 식이다. 이런 접근법을 '규칙 기반'의 1세대 기계 번역이라 할 수 있다.

기계 번역의 동면을 깨운 것은 IBM이었다. 1980년대 이 회사 연구진은 통계를 이용하면 번역 품질을 획기적으로 높일 수 있다는 점을 깨달았다. 인간이 번역한 많은 결과를 데이터화하면 통계적으로 어떤 단어 다음에 어떤 단어가 나오는 게 자연스러운지 산출할 수 있다는 것이다. 이것이 '통계 기반'의 2세대 기계 번역이다. 2세대의 강자는 프랑스의 시스트란과 미국의 구글이었다(시스트란은 2014년 우리나라 번역업체 CSLi가 인수했다). 통계가 적중할 확률을 높이려면 많은 데이터 확보가 관건이다. 인터넷 전체를 데이터베이스화해온 구글은 이런 면에서 강했다. 번역 엔진을 만들던 2005년에만 구글이 유엔의 문서 등을 통해 확보한 데이터가 2,000억 단어를 넘었다. 예전 네이버 번역을 비롯한 다른 대표적인 번역 서비스도 이런 통계 방식을 기반으로 하고 있다.

그리고 3세대 '인공신경망 기반 번역' 시대가 지금 우리 눈앞에 펼쳐지고 있다. 인공신경망 방식도 데이터를 이용한다는 점에서는 통계 방식과 같지만, 방법이 전혀 다르다. 인공신 경망은 아기가 시행착오를 겪으면서 무언가를 배우듯이, 우리 뇌의 뉴런을 흉내낸 인공지능 프로그램을 만들고 이 인공지능 에게 수많은 한글과 영어 번역 데이터를 주어 스스로 학습하도 록 하는 것이다. 이렇게 학습한 인공지능은 이후 새 번역거리를 받으면 가장 자연스럽다고 예측하는 결과를 내놓는다. 이는 알 파고 원리와도 같다. 알파고 역시 수많은 바둑 기보로 학습한 뒤 가장 이길 것 같은 자리에 돌을 둔다. 네이버의 파파고나 구 글 번역이나 모두 이런 원리에 따라 만들어졌다.

바둑처럼 번역에서도 인공지능은 다시 한 번 놀라운 능력 을 보여주었다. 기계 번역의 품질은 인간 전문가와 비교했을 때 얼마나 비슷한지에 대한 '블레우BLEU 점수'라는 척도로 평가하 는데, 『뉴욕타임스』에 따르면 구글이 자체 평가한 인공지능의 점수는 이전 통계 방식 번역기가 보여준 최고 점수 7점이나 높 은 것이었다. 이는 세계 최고 전문가들이 모였다는 구글의 인간 개발팀이 지난 10년 동안 통계 방식 번역 프로그램을 개선해서 올린 점수를 단숨에 뛰어넘은 수치다.

구글은 나아가 한 인공지능에게 여러 언어를 학습시키면 서 한 번역에서 배운 노하우를 다른 번역에서도 활용할 수 있는 지 실험했다. 예를 들어, 인공지능이 한국어↔영어, 일본어↔영 어 번역 데이터를 학습하면 한국어↔일본어도 잘 번역하는지

구글은 인공지능의 머릿속을 들여다보았는데, 한국어, 영어, 일본어 할 것 없이 같은 뜻의 문장은 하나로 묶어 비슷한 형태로 인식하고 있다는 점을 발견했다.

Korean ▾ 🎤 🔊 ⇄	English ▾ 🔊
이번 강의는 실습 위주로 진행되는 만큼, 강의 참여자는 자신의 스마트폰, 태블릿PC, 노트북 등을 지참하면 강의를 더욱 충실하게 들을 수 있다. 현장에서는 무료 와이파이를 제공한다. 주차 지원은 되지 않는다. 대중 교통을 이용하는 것이 편리하다. Edit	As this lecture focuses on practical exercises, lecture participants can listen to lectures more faithfully by bringing their own smart phones, tablet PCs, and notebooks. On-site free Wi-Fi is provided. Parking is not supported. It is convenient to use public transportation.
ibeon gang-uineun silseub wijulo jinhaengdoeneun mankeum, gang-ui cham-yeojaneun jasin-ui seumateupon, taebeullisPC, noteubug deung-eul jichamhamyeon gang-uileul deoug chungsilhage deul-eul su issda. hyeonjang-eseoneun mulyo waipaileul jegonghanda. jucha jiwon-eun doeji anhneunda. daejung gyotong-eul iyonghaneun geos-i pyeonlihada.	

살펴본 것이다. 결과는 '그렇다'였다.

　더 놀라운 발견은 구글이 인공지능의 머릿속을 단순화해 이 과정을 그림으로 나타내보았는데, 한국어, 영어, 일본어 할 것 없이 같은 뜻의 문장은 하나로 묶어 대체로 비슷한 형태로 인식하고 있었다는 점이다. 즉, 각각 다른 언어로 표현되는 말의 개별 형태를 떠나 의미에 기반한 별도의 체계를 인공지능이 형성하고 있다는 것이다. 구글 연구진은 이에 대해 "일종의 '보편어(인터링구아)'의 단초를 보여준 중요한 발견"이라고 주장했다.

'디지털 바벨탑'은
신의 형벌인가?

원래 인터링구아는 국제보조어협회IALA라는 과학자 단체가 1937~1951년 사이 제2의 만국 공용어로 쓰려고 라틴어를 기반으로 만든 언어를 말한다. 보통 제2외국어는 현재 우리나라의 영어같이 그 시대 지배적인 문화권의 언어가 차지하게 되는데, 해당 문화권을 세상의 중심으로 여기는 사고방식까지 사용자에게 함께 전파된다. 이런 문제를 보완하고자 인공적으로 만든 언어가 인터링구아다. 구글 연구진이 말하는 인터링구아는 이와 상관없이 인공지능이 형성했을 가능성이 있는 고유의 언어를 말하지만, 인공지능이 여러 언어에서 의미를 기준으로 공통된 패턴을 추출해냈다는 것은 이후 보편어 연구에도 귀중한 자료가 될 수 있다. 알파고의 바둑 기풍이 인간에게 새로운 영감을 불어넣었듯이 말이다. 구글 연구진은 앞으로 100개 넘는 언어를 이 인공지능에게 가르칠 계획이다.

더글러스 애덤스의 『은하수를 여행하는 히치하이커를 위한 안내서』를 보면 '바벨 피시'라는 외계생물이 나온다. 신호를 먹고 신호를 배설하는 이 물고기를 귀에 넣으면 통역사 필요 없이 다른 외계인의 말을 바로 알아들을 수 있다. 번역 인공지능은 향후 이런 '인터넷의 바벨 피시'가 될 가능성이 높다.

네이버의 파파고 개발을 총괄한 김준석 리더는 "인공신경망의 빠른 발전 속도를 고려하면 3년 뒤에는 매우 매끄러운 번역이 가능하게 될 것"이라며 "일상생활에서 (외국인과의) 의사소통은 번역기를 통해서 충분히 가능한 시대가 올 것"이라고 말했다. 나는 한국어로 말을 하지만 상대방에게는 중국어로 들리고, 상대방의 아랍어가 나에게는 자연스럽게 한국어로 들리는 시대가 머지않아 도래하리라는 말이다.

이런 서비스는 이미 일부 제공되고 있다. 마이크로소프트의 화상 채팅 서비스 '스카이프'는 영어-스페인어 등 일부 언어에 한해 이런 자동 통역 기능을 제공한다. 페이스북은 영어 등 일부 외국어의 경우 담벼락(타임라인) 글에 '번역 보기' 단추가 달려 있다. 클릭하면 사용자 언어로 번역된다. 파파고나 구글 앱은 간판 등을 스마트폰의 카메라로 찍으면 글자 이미지를 인식해 번역한다. 이런 기술이 안경 형태의 웨어러블 기기나 콘택트렌즈 형태의 기기에 적용된다면 영문 잡지의 글이 우리 눈에는 한국어로 보이는 시대가 올 것이다.

이렇게 언어의 장벽이 걷히면 우리는 어떤 시대를 맞이하게 될까? 다시 한 가족이 된 인류는 바벨탑의 전설을 이어갈까? 건국대학교 미디어커뮤니케이션학과 황용석 교수는 반대로 "더 심한 민족 간 갈등을 겪을 수 있다"고 말한다. "지금까지 민족주의적 정치 행동은 한 나라 안에 머물고 있었다. 예를 들어, 일베 회원이나 일본 넷우익(인터넷의 극우주의자)들은 각각 한국과 일본의 국내 정치 구도 안에서 활동해왔다. 자국의 외국인이나 진보주의자를 공격했을 뿐이지, 둘이 서로 싸우지는 않았다. 국경 없는 인터넷 시대가 도래한 지 오래인데도 그랬던 이유는 언어라는 장벽 때문이었다. 이 장벽이 사라지면 이들이 직접 맞부딪혀 싸우는 시대가 오게 될 가능성이 크다."

인터넷 공간에서 민족 간 감정이 격화되는 일은 지금까지 비일비재했다. 2005년 일본 누리꾼들은 독도사랑 캠페인 경력의 한국 연예인 김태희를 공격해 자국 광고 모델에서 몰아냈고, 2009년에는 피겨선수 김연아를 상대로 반한 감정을 분출했다. 중국에서는 간도협약 100주년으로 한국 누리꾼들의 '영토수

복' 게시물이 퍼지자, 중국 누리꾼들은 반한 게시물을 만들어 유포했다. 2012년에는 한·일 누리꾼들이 일본군 위안부 문제를 두고 미국 청와대 청원 사이트로 몰려가 '청원 전쟁'을 벌이기도 했다. 중국의 사이버 민족주의 연구자 우쉬 박사는 이와 관련해 "(민족 간) 문제제기의 주체가 과거 소수 엘리트(외교 전문가)에서 일반 대중으로 넘어갔다. 이를 통해 현실에 영향을 미치려는 인구가 점차 증가하고 있다"고 지적했다. 언어 장벽까지 사라지면 이는 더욱 증폭될 것이다.

실제 사례가 있다. 네이버가 2001년 개시했던 '인조이재팬'이다. 이 홈페이지 일부 게시판에선 한국인이 올린 게시물이 일본인에게는 일본어로, 반대로 일본어 게시물은 한국어로 자동 번역되는 실험적인 서비스가 제공되었다. 그 결과는 대체로 아름답지 못했다. 2003년 '청산리 전투'에 관한 한국 누리꾼과 일본 누리꾼 사이 역사 논쟁을 계기로 양쪽 누리꾼들이 본격적인 격돌 양상이 심화되면서 일본 넷우익들이 대거 몰려와 험한 게시물들이 도배되는 일들이 발생했다. 험악한 격돌이 뒤따랐다. 네이버는 결국 2009년 "서비스 이용률이 줄었다"는 이유로 이 서비스를 접었다.

물론 안 좋은 일만 있는 것은 아니다. 의사소통이 쉬워지면 상대방에 대한 이해도 높아지기 마련이다. 다양한 문화적 교류와 언어 부담 없는 여행이 늘면 다른 나라에 대한 이해도 넓어질 수 있다. 지배적 언어뿐 아니라 소수 언어의 관점과 정보도 인터넷에 퍼질 기회도 넓어질 것이다. 황용석 교수는 "원하는 정보를 선별해서 받아들이고 동질적인 이들과만 네트워크를 형성하는 인터넷의 특성상, 언어의 장벽이 사라진다 해서 곧 건강한 교류가 증진되긴 어려울 것이다. 시민 간 충돌 증가를 대비한 국제 중재기구 구성, 다른 문화를 이해하는 세계 시민교육 강화 등의 노력이 앞으로 필요하다"고 말했다.

일부 신학자는 바벨탑 전설을 '신의 형벌'이 아니라 '문명의 발전'에 대한 이야기로 해석하기도 한다. 바벨은 문명을 상징하고 다양한 언어의 탄생은 그 발전의 결과라는 것이다. 다가올 '디지털 바벨탑'의 이야기가 신의 형벌로 끝날지, 문화의 발전으로 끝날지는 다른 민족과 문화에 대한 이해와 관용의 자세에 달려 있을지 모른다.

게임

인간과 인공지능의 대결

게임하는
인공지능

이세돌 9단에 이어 중국의 커제 9단까지 꺾은 알파고의 기세가
무섭다. 2016년 3월 이세돌 9단과 대결할 때 구글 인공지능 연
구진은 다음 대결 종목으로 전략시뮬레이션 게임, '스타크래프
트'를 언급한 적이 있다. 지금까지 개발된 스타크래프트 인공
지능의 수준은 구글이 상당한 역량을 집중해 만드는 알파고에

비할 바는 아니다. 하지만 현재의 스타크래프트 인공지능과 직접 맞붙어, 인간 대 기계 대결의 의미를 음미해보는 것은 해볼 만한 경험일 터이다.

일은 심심하게 시작되었다. 회사 팀장의 "야, 구글이 바둑 다음으로 스타를 지목했는데 스타 인공지능과 한 번 싸워보면 어떻겠냐"는 장난 섞인 말이 발단이 되었다. 알아보니 스타크래프트 인공지능들이 서로 겨루는 '2대 세계 대회'가 이미 있었고, 그 가운데 한 곳의 주관을 우리나라 세종대학교 컴퓨터공학과 인지지능연구실CILab에서 맡고 있었다. 연구실을 이끄는 김경중 교수에게 연락을 했다. 김경중 교수는 흔쾌히 대결을 주선했다. 그렇게 시합이 성사되었다.

상대는 티에스시무TSCMOO라는 인공지능이다. 2015년 세계 최대 스타크래프트 인공지능 대회인 '에이드AIIDE'에서 우승한 최강자로, 베가르 멜라라는 독립 개발자가 만들었다. 에이드는 주최 쪽인 '인터랙티브 디지털 놀이를 위한 인공지능협회'에서 이름을 땄는데, 캐나다 앨버타대학 주관으로 2016년 6회째를 맞는다. 대결은 이세돌 9단 대 알파고를 흉내내 승패 상관없는 5전을 하기로 했다.

스타크래프트의 기본적인 규칙은 이렇다. 우주를 배경으로 이 게임에는 테란, 프로토스, 저그라는 세 종족이 등장한다. 테란은 인간, 프로토스는 발달된 외계인, 저그는 영화 〈에일리언〉에 나오는 괴생명체라고 생각하면 쉽다. 각 종족은 이런 특징에 맞는 게임 스타일이 있다. 플레이어는 지휘관이 되어 이들 가운데 하나를 택해 병력을 생산하고 상대방을 공격해 전멸시키는 것이 목표다. 스타크래프트는 1990년대 말 PC방의 부흥기와 궤를 같이하면서, 우리나라를 e스포츠의 세계 최강국으로 등극시킨, 명실상부 사상 최고 인기의 컴퓨터 게임이다. 그만큼 많은 부모의 속을 썩인 '웬수'이기도 하다.

나 역시 그런 아들 중에 하나였다. 고등학교 3학년쯤부터 불기 시작했던 스타크래프트의 광풍은 우리 또래들을 사로잡았다. PC방이 대학가에서 당구장과 자웅을 겨루었고, 시험 때면 친구 자취방에 모여 스타크래프트 프로리그 생중계를 보며 건성으로 공부를 했다. 당시 나는 그런 친구들 사이에서 '스타 좀 하는 놈'으로 꼽혔다. 대결 날짜가 잡히자 나는 퇴역 파일럿이 비행복을 꺼내 입는 심정으로 컴퓨터에 15년 만에 스타크래프트를 깔았다. 게임에 내장된 자체 인공지능을 상대로 몇 판 하면서 몸을 풀었다.

그런데 문득 대결 날짜가 다가오자 긴장하고 있는 자신을 발견했다. '고작 컴퓨터 게임인데 왜 이러지.' 대결 장소인 세종대학교 다산관 연구실에 도착하자 대결 운영을 맡은 배청목 연구원을 비롯한 3명의 연구원이 있었다. 스멀스멀 피어오르던 두려움의 실체가 명확한 모습을 드러냈다. 대결의 상대인 인공지능이 아니라 대결을 지켜볼 주변의 인간들 말이다. '쪽 팔릴 수 있다'는 생각이 알 수 없던 긴장감의 실체였다.

2016년 1월 알파고와 바둑 대결을 수락할 당시 이세돌은 자신감이 넘쳤다. 그는 "이길 것이라고 자신한다"고 말했다. 알파고는 구글이라는 최고 기술을 갖춘 거대한 조직의 후원을 받아 탄생한 프로그램이지만 근본적으로 '컴퓨터 바둑게임'임은 틀림없다. 하지만 이 컴퓨터 게임을 할 날짜가 다가올 때 이세돌이 느낀 압박감은 어땠을까? 고작, 대결에 큰 관심을 두지 않는 연구원들 앞에서 스타크래프트를 하는 나조차 '같은 인간이 보고 있다'는 사실에 '쪽 팔리면 안 된다'는 큰 부담을 느꼈다. 세기의 대결로 불리며 전 세계 사람들이 생중계로 꼼짝 않고 바라보는 가운데 게임을 하는 부담감이란 상상조차 어렵다. 이세돌의 최대의 적은 알파고가 아니라 인간이 아니었을까?

기계학습하는 알파고

인공지능 '티에스시무'는 저그, 나는 프로토스를 택했다. 경기는 10분도 채 안 돼 싱겁게 끝났다. 처참한 패배였다. 나는 연구원들을 흘끔 보았다가 "장난 아니네요"라고 혼잣말을 중얼거리며 뒷머리를 긁을 수밖에 없었다.

실력도 녹슬었지만 상대를 얕잡아본 데에도 패배의 이유가 있었다. 사전 취재 결과, 스타크래프트의 인공지능은 수준이 아직 높지 않다고 판단했기 때문이다. 연구자에 따라 조금씩 다르지만, 인공지능의 대체적인 정의는 '주어진 환경에 대해 사람과 같이 (또는 합리적으로) 추론하고 행동하는 기계'라 할 수 있다. 이를 구현하는 방법에는 여럿이 있을 수 있다.

1970~1980년대 연구자들은 주어진 상황에 대해 '~라면, ~한다'는 조건 반응형의 프로그램을 활발하게 개발했다. 이들은 전문 분야별로 이런 식의 프로그램을 정교하게 짠다면 사람 같은 구실을 하는 기계를 만들 수 있으리라 보았다. 이를 '전문가 시스템'이라 한다.

1990년대부터 다른 방식이 활발히 연구되기 시작했는데, 상황에 대해 기계가 직접 패턴을 익혀서 깨치게 만드는 방식이다. 이를 '기계학습(머신러닝)'이라고 한다. 전문가 시스템과 기계학습의 대표적인 예가 각각 '딥 블루'와 '알파고'다. 딥 블루는 1997년 체스 챔피언 가리 카스파로프를 꺾은 IBM의 인공지능 컴퓨터다. 체스와 바둑 최강자에 올랐다는 점을 놓고 보면 둘이 선후배처럼 보이지만, 사실 전혀 다른 녀석들이다. 딥 블루는 정해진 알고리즘에 따라 현재 체스판에서 게임 종료까지 가능한 한 수를 최대한 빠르게 계산한 뒤 두는 '전문가 시스템'

게임 _____

세종대학교 인지지능연구실에서 저자와 스타크래프트 인공지능 티에스시무가 대결을 펼치고 있다.

이지만, 알파고는 기존의 기보 데이터들을 학습해서 어떻게 둘지를 스스로 정하는 '머신러닝' 시스템이다.

현재 스타크래프트의 인공지능들은 모두 전문가 시스템이다. 김경중 교수는 "머신러닝은 우리 연구실을 비롯해 미국, 캐나다 등에서도 적용을 시도하는 중"이라고 말했다. 즉, 아직 스타크래프트 인공지능은 정해진 규칙에 따라서 움직인다는 말이다. 내가 변칙적인 움직임을 보이면 기계가 착오를 일으키는 '구멍'이 분명히 있으리라 보았다.

머신러닝을 적용한 스타크래프트 인공지능이 아직 없는데는, 구글처럼 큰 기업이 아직 큰 관심을 보이지 않은 때문도 있겠지만, 학습시키기에 너무 복잡하다는 점도 작용했다. 공부를 시키려면 교재가 되는 데이터가 있어야 한다. 알파고는 기존 기보 16만 개를 전산화해서 교재로 삼았다. 스타크래프트도 데이터가 될 '리플레이 파일(게임을 기록한 파일)'은 많다. 하지만 이를 학습용 데이터로 전환하기가 무척 어렵다. 바둑은 19×19 바둑판에 번갈아서 두는 바둑돌의 숫자라고 해봐야 한 게임의 정보량이 그렇게 많지 않다. 하지만 스타크래프트는 전장이 수천만 개의 픽셀(화면의 화소수)로 구성되었고 상황이 실시간으로 변하기 때문에 정보량이 어마어마하다. 세종대학교 연구실의 김만제 연구원은 "이 방대한 데이터를 어떻게 처리할지가 어려운 문제"라고 말했다.

이를 해결한다 해도, 스타크래프트라는 게임은 인공지능 개발자로서 풀기 힘든 2가지 큰 난제를 안고 있다. 구글의 수석 연구위원 제프 딘이 알파고 경기 때 한국에서 다음 목표 가운데 '스타'를 언급한 이유도, '스타 정복'은 '바둑 정복' 못지않은 큰 도전이기 때문이다.

첫째, 스타크래프트는 '불완전 정보 게임'이다. '알파고의 아버지', 구글 딥마인드의 데미스 허사비스 최고경영자는 이세돌과 두 번째 대결날 기술전문매체 『더 버지』와의 인터뷰에서 "완전 정보 게임의 정점은 바둑이다. 하지만 포커와 같은 불완전 정보 게임은 (인공지능이 정복하기) 매우 어렵다"고 말했다. 불완전 정보 게임이란 게임의 모든 정보가 게이머에게 모두 공개되지 않는 게임이다. 바둑과 같이 복잡한 게임도 정복했는데, 포커같이 단순한 게임이 어렵다고 하는 이유는, 상대의 패를 볼 수 없을 경우 컴퓨터가 데이터를 학습해서 승리를 위한 대응 방법을 알아내기가 매우 어렵기 때문이다. 스타크래프트도 상대가 무엇을 하는지 정찰을 하지 않으면 알 수 없다.

둘째, '실시간'이다. 바둑은 상대와 내가 번갈아둔다. 이세돌 9단이 두고 나면 알파고는 1분 이상 열심히 전 세계에 분산된 클라우드 컴퓨터를 돌릴 시간이 있었다. 하지만 스타크래프트는 실시간으로 진행되는 게임이다. 순간 최적의 판단을 내리기 위해 1분 동안 슈퍼컴퓨터를 돌리고 있을 여유 따위는 없는 것이다. 인간의 뇌는 화면을 잠깐 슥 보면 바로 처리할 수 있지만 말이다. 스타크래프트는 이런 특징을 동시에 지녔기에 인공지능에 큰 도전이다.

하지만 이런 우위 속에서도 나는 졌다. 4대 1. 의도한 바는 아니었다. 알파고 대 이세돌과 같은 결과가 나올 줄이야. 사실 솔직한 심정은 기록보다 '1승이라도 따낸 게 다행이다'다. 그것은 인공지능의 전투 능력이 상상을 초월했기 때문이다. 스타크래프트에서 움직임은 분당 활동수Action Per Minute, APM로 측정한다. 게이머가 1분 동안 얼마나 많은 명령을 내리느냐 하는 수치다. 전성기 프로게이머가 400이 넘는다. 그런데 인공지능은 이 수치가 높을 때는 1만이 넘는다. 최고수의 30배다. 이 때문에 부대와 부대가 맞붙는 전투에서는 도저히 컴퓨터를 당해낼 재간이 없는 것이다. 요컨대 아직 스타크래프트 인공지능은 전략에서 약하고 전투에서 강하다. 이를 명심한 나는 4패 끝에 드디어 1승을 거머쥘 수 있었다. 40분 가까이 되는 장기전에서 인공지능이 전략적인 실수를 범한 덕분이었다.

일자리를 기계에 내주는
모습의 전주곡

티에스시무 외에도 스타크래프트 인공지능은 여럿이다. 에이드를 주최하는 앨버타대학의 '앨버타봇'을 비롯해, 일본 리쓰메이칸대학의 '아이스봇', 개인 개발자의 '스카이넷' 등이 대표적이다. 이들의 수준은 어느 정도 될까?

전직 프로게임단 소속 선수였던 홍인석과 이들의 대전도 진행해보았다. 최상위 6개 인공지능들과 단판 승부로 진행된 대결에서 결과는 홍인석의 전승으로 끝났다. 홍인석은 "티에스시무와 스카이넷, 2개 정도는 순간 사람이 아닌가 깜짝 놀라기도 했다. 하지만 전체적으로 실력이 좋다고 하긴 어렵다"고 말했다. '알파크래프트'의 등장까지는 아직 먼 셈이다. 김경중 교수는 "정확한 예측은 어렵지만 앞으로 몇 년은 더 걸릴 것"이라고 말했다.

게임과 인공지능은 떼려야 뗄 수 없는 역사를 공유하고 있다. 알파고를 만든 허사비스만 해도 원래 16세 때부터 게임을 개발하기 시작한 게임광이었다. 그가 인공지능에 관심을 가진 계기 중에 하나도 게임 속에 등장하는 인물들의 인공지능을 더 그럴싸하게 발전시키고자 했기 때문이다. 체스를 비롯해 체커, 장기, 오셀로 등 각종 게임에서 인간을 능가하는 무언가를 만들어보고자 하는 욕구는 많은 인공지능 개발자의 열정을 자극했다. 2000년대부터 이런 욕구는 컴퓨터게임으로 옮아가 현재 활발한 연구가 진행 중이라고 한다.

이런 연구들의 끝은 어디일까? 알파고에 연패하는 이세돌을 보며 많은 사람이 무력감과 우울증을 호소하기도 했다. 게임 종목들에서 차례차례 지구 최강의 타이틀을 인간이 인공지능에 내주는 모습들은, 현실에서 일자리를 기계에 내주는 모습의 전주곡처럼 많은 사람을 불안에 떨게 하기도 한다. '알파크래프트' 앞에 전직 프로게이머 이영호나 홍진호가 무릎 꿇는 모습을 보는 것은 나 같은 '스타 키드'에게는 비참한 일이다.

하지만 미래는 관점에 따라 다르게 다가온다. 체스 최강자의 타이틀을 딥 블루에 내준 뒤 체스계에서는 흥미로운 현상이 벌어졌다. 인간과 기계가 짝을 지어서 출전할 수 있는 '프리스타일 체스(또는 발전된 체스)'라는 분야가 새롭게 열린 것이다. 인간 뇌와 기계가 협업하는 기존의 수준을 뛰어넘는 새로운 세계가 열린 셈이다. 2017년 5월 커제 9단과 알파고 대국에서도 이런 식의 인간과 기계가 짝을 이루는 '페어 바둑' 대결이 선을 보이기도 했다. 홍인석은 "요즘 취업 준비도 잘 안되고 의욕이 없었는데 간만에 대결 준비를 하면서 활기를 느꼈어요. 도전할 대상을 만나 즐거웠습니다"라고 말했다. 게임은 미지의 상대를 만났을 때 재미있는 법이다.

FUTURE & SCIENCE

③

음식

미래식을 먹으면 행복할까?

'요리 본능'이 이끈
인간의 진화

인간은 단지 살기 위해 먹는가? 인간이 숲에서 살 때는 그랬을 것이다. 오스트랄로피테쿠스도 원래는 채식을 주로 했다. 가끔씩 사냥을 하는 침팬지와 달리 고릴라가 식물성 먹을거리에서 영양을 섭취하는 것처럼 말이다. 플라이스토스세에 이르자 이 두뇌와 몸집이 작은 우리의 조상은 동물을 먹기 시작했다. 아마도 지금 상상하는 것처럼, 창을 들고 동물을 쫓는 본격적인 사냥은 아니었을 것이다. 운이 좋아 걸려든 동물이나 발견한 사체를 뜯어먹는 게 전부였을 수도 있다.

아프리카 에티오피아에서 260만 년 전 쓰였던 칼이 발견되었다. 자갈을 부딪혀 날을 간 조악한 칼이었지만, 인류학계에서는 기념비적인 발견이었다. 인류학자들은 이 칼을 죽은 영양의 혀를 잘라내거나 힘줄을 손질하는 데 쓰였을 것으로 추정한다. 200만 년 전 호모에렉투스는 본격적인 사냥을 시작했다. 물론 1년 내내 사냥을 한 건 아니었다. 지금의 침팬지가 기회가 있을 때마다 작은 원숭이나 영양을 잡아먹지만 어떨 때는 한 달 이상 육식을 하지 않는 것처럼, 비정기적으로 전략과 전술을 짜고 협동 사냥에 임했을 것이다. 그러나 우리는 침팬지와 달랐다. 불을 사용할 줄 알았고, 요리를 시작한 것이다.

진화생물학자인 리처드 랭엄은 『요리 본능』에서 "우리 인류는 불로 요리하는 유인원이라며, 불의 피조물"이라고 인류를 정의했다. 침팬지와 달리 우리는 불을 사용하게 되면서 사냥한 고기와 채집한 식물을 섞어 다양한 요리를 했고, 그것이 현생인류를 탄생시킨 진화의 동력이라고 주장한다. 아시다시피 음식을 익히면 변질이 늦춰지고 맛은 좋아진다. 신체가 얻는 에너지의 양이 늘어난다.

인간은 다양한 요리를 발전시켜왔다. 문화별로 상이한 음식을 먹으며, 일상적으로 먹는 음식도 있지만, 특별한 날에는 사치를 부린다. 우리나라에서는 오랜만에 처가에 온 사위에게 닭 한 마리를 잡아주고, 영국 사람들은 스산한 날씨를 버티기 위해 늦은 오후에 찻잔에 얼굴을 대고 찻김과 냄새의 '애프터 눈 티'를 즐긴다.

지금 인류에게 무엇을 먹는 행위는 칼로리 충족과 생존을 위해서가 아니다. 생존보다는 문화다. 현대인들은 한 끼 식사를 선택하면서도 인간은 배고픔의 해소, 맛에 대한 욕망, 문화적 자부심 등에 지배받는다. 자신을 과시하기 위해 먹기도 하고, 혹은 먹지 않기도 하며, 빠른 라이프스타일에 따라 전통적인 식사 방식을 바꾸기도 한다. 인간은 음식으로 다양한 욕망을 충족한다. 리처드 랭엄이 설파한 '화식 가설'이다. 음식을 익혀 먹으면서, 우리는 음식을 저장하고, 필요할 때 꺼내 먹을 수 있었으며, 그에 따른 문화가 형성되고 사회생활이 복잡해졌다. 화식과 '요리 본능'은 인간 진화의 결정적 요인이었다. 그럼, 미래의 식사는 어떻게 진화할 것인가?

'미래형 식사'
열풍

20세기 공상과학만화에서 가장 흔히 등장하는 소재가 '하늘을 날으는 자동차'와 '하나만 먹으면 배가 불러지는 알약'이었다. 그러나 기술혁명은 우리가 상상하는 바로 나아가지 않았다. 오히려 사람과 사람을 연결시키는 네트워크 기술에서 비약적인 성장을 이루었으며, 우리는 인터넷과 스마트폰을 기반으로 새로운 시대를 열고 있다.

다만, '알약의 꿈'은 지금 다른 방식의 문화적 세례를 받고 진보해나가고 있다. 미국 실리콘밸리를 필두로 '푸드 스타트업'이 앞다퉈 미래식을 내놓고 있는 것이다. 그들은 물 한 잔으로 끼니를 때울 수 있다고 말한다. 정말 그럴 수 있을까?

'미래형 식사'를 표방해 2015년 '랩노쉬'를 내놓은 (주)이그니스의 개발자 6명은 정말로 한 달 동안 자신이 만든 미래식만 먹으며 버텼다. 밥 대신 하루 3~4끼니를 랩노쉬로 대체했고, 술과 과자 등은 모두 끊었다. 6명 중 일부는 가끔 커피만 마셨다.

"몸은 괜찮았어요. 다만 '쇼콜라 맛을 먹었는데 다음에는 요거트 맛을 먹어야겠다' 생각하면서 좀더 다양한 맛을 개발해야 한다고 생각했죠. 가장 힘든 건 질린다는 거였어요."(김지훈

기술이사)

"일주일에 한 번씩 모발을 뽑아서 영양검사를 맡겼지만 이 상으로 나온 적은 없었어요. 맛있는 거 먹고 싶은 생각만 간절했죠. 몸무게는 3~4킬로그램 빠졌습니다. 성인 남성이 (많이 먹을 때) 하루 3,000~4,000칼로리를 먹는데, 랩노쉬만 먹을 경우 2,000칼로리 이하를 먹게 되거든요."(박찬호 이그니스 대표)

평생 랩노쉬만 먹고 살아도 문제는 없다. 적어도 이론적으로는 그렇다. 이 식품은 단백질과 탄수화물, 지방 등 필수영양소가 함유되었기 때문이다. 박찬호 대표는 한 달 장기 복용한 뒤 건강검진을 받았지만 아무 이상이 없었다고 밝혔다.

실리콘밸리에서
불어온 유행

미국 실리콘밸리의 기술자들 사이에서 '미래식'이 열풍이다. 2013년 벤처사업가 롭 라인하트가 30일 동안 자신이 개발한 '소일렌트'만 먹는 실험을 블로그에 게재한 이후 소일렌트는 대규모 자본 투자를 유치하는 등 대박을 터뜨렸다. 뒤이어 100퍼센트 채식을 표방한 '휴엘'(영국), 유기농 재료만 쓰는 '암브로나이트'(덴마크) 등이 전 세계에서 나오면서 미래식은 일군의 사용자들을 거느리게 되었다.

『뉴욕타임스』는 2015년 5월 이 현상을 다룬 특집 기사에서 "따로 앉아서 밥 먹지 않아도 영양을 섭취할 수 있는 방법이 나오면 좋겠다"는 전기자동차 '테슬라' 개발자 일론 머스크의 발언을 소개했다. 머스크가 소일렌트를 즐겨 먹는지 확인되지 않았지만, 밥 먹을 시간조차 아까운 벤처 기술자들과 사업가들에게 미래식은 하나의 트렌드가 되었고, 미래식이 나오는 파티가 열릴 정도라고 전했다.

국내에서 2015년 '랩노쉬'와 '밀스'가 잇따라 출시되었다. 외국 제품과 마찬가지로 가루를 물에 타서 녹여 먹는 '파우더 식품'이다. 국내 제품 역시 필수영양소를 고루 충족하는 한 끼 식사를 표방하고 있다. 즉, 이것만 먹고 살아도 영양학적으로 아무 문제가 없다는 이야기다.

랩노쉬를 몇 번 직접 먹어보았다. 공복감을 없애주기는 했지만 '미숫가루' 같은 느낌은 지울 수가 없었다. 내 옆에서 미래식을 얻어먹은 다른 사람들도 비슷한 반응을 보였다. 그냥 선식이잖아? 그러나 랩노쉬를 개발한 김지훈 이사는 선식과는 다른 식품이라고 말했다.

"선식이나 미숫가루와 무엇이 다른가요?"

"미숫가루 같은 곡류로는 필수아미노산을 다 섭취할 수 없습니다. 장기 복용할 경우 (영양학적으로) 문제가 생기는지가 차 미래식인 랩노쉬는 한 끼에 약 330~340칼로리의 열량을 공급하는데도 영양학적으로 큰 문제 없이 오래 먹을 수 있다.

이일 것입니다. 우리 제품은 오래 먹어도 괜찮습니다."

"랩노쉬는 한 끼에 약 330~340칼로리의 열량을 공급한다고 되어 있군요. 1~2끼니 식사의 평균 권장 칼로리가 500칼로리인 걸 감안하면 적은 수치인데요. 이렇다면 아침에 먹는 다이어트 식품 아닌가요?"

"섭취의 불균형을 고려해 열량을 적게 한 겁니다. 사람들이 과식을 많이 하는 최근의 풍조에서 영양소 결핍은 방지하면서도 잉여 에너지가 생기지 않게끔 열량을 조정한 것이죠. 3끼를 랩노쉬만 먹어도 괜찮지만 심리적인 요인 때문에 우리는 1~2끼니만 권장합니다."

사실 시대의 필요에 맞는 '미래형 식사'는 오래전부터 존재했다. 지금은 일부에서 '정크푸드'라는 낙인이 찍혀 있지만, 켈로그 형제가 개발해 20세기 초반 대중화된 콘플레이크는 영양 균형을 잡아줄 아침의 대안식사로 선전되었다.

20세기 중반 튜브형 식사는 우주여행을 상징하는 미래식이었다. 1961년 우주인 1호 '유리 가가린'이 보스토크호에서 먹은 음식은 치약 같은 튜브에 담겨 있는 고기 퓌레와 초콜릿 소스였다. 미래형 식사는 대개 '효율성'에 착목해왔다. 잠잠했던 미래식에 대한 관심이 최근 부활하는 모양새다.

기능적인 식사와
정서적인 식사

식사의 본원적인 기능은 영양 섭취다. 그러나 우리 인생에 빵과 장미가 모두 필요하듯, 식사는 빵을 주면서도 장미꽃 한 다발을 선사해야 한다. 기능적인 식사도 필요하지만 정서적인 만족감을 주는 식사도 필요하다는 이야기다. 랩노쉬 개발 과정에서 김지훈 이사는 맛과 영양의 극단에서 줄타기를 해야 했다.

"초반에 미국의 소일렌트로 연구를 많이 했습니다. 소일렌트는 제품 출시 초반기에 탄수화물 수치를 나오게 하기 위해 말토덱스트린을 썼는데, 사실 이게 맛이 잘 안 나와요. 소일렌트에 쓴 감자 전분은 사실 우리나라에서는 탕수육 튀길 때나 쓰지, 잘 사용하지 않고요. 아무 재료나 쓸 수 있다면 영양소를 채우는 건 어렵지 않습니다. 하지만 문제는 영양소를 채우면서도 맛의 미세한 부분을 잡아내는 것이지요."

"그래도 미국 실리콘밸리 노동자들은 소일렌트를 많이 먹잖아요?"

"문화적인 차이 아닐까요? 외국에는 파우더형 식사라는 개념이 없었기 때문에 맛에 대한 기대치가 낮은 것 같습니다. 그러나 우리나라는 미숫가루로 아침 끼니를 때우는 전통이 있잖아요. 미숫가루는 맛있고요. 우리나라 사람들은 맛에 대한 기대치가 높습니다. 웬만큼 만들어서는 안 돼요."

미래식이 실리콘밸리에서 인기를 끈 이유는 파우더형 식사가 시대의 최첨단에 선 이들의 직업적 자부심을 담아냈기 때문이다. 우리가 고급 레스토랑에서 값비싼 음식을 먹으면서 계층 상승의 욕구를 해갈하듯, 실리콘밸리의 노동자들은 '바쁜 일상, 미래 식사'라는 자신만의 문화 코드를 '소일렌트'에 투사한다.

반면 한국인들에게 '파우더 식품'은 익숙하다. 여름에 물에 풀어먹는 미숫가루나 선식으로 배를 채워왔기 때문이다. 그래서 국내 푸드 스타트업은 다른 전략을 채용했다. 영양 밸런스와 다이어트다. 소일렌트가 1회 500칼로리를 제공하는 반면 국내 제품은 대개 300~400칼로리를 제공한다. 그래서 국내에서 미래식은 20~30대 여성을 중심으로 아침·저녁 식사 대용이나 식단 조절용으로 주로 소비된다고 한다. 2015년 '밀스'를 내놓은 인테이크푸즈의 노석우 홍보팀장은 이렇게 말한다.

"식사를 완전히 대체하겠다는 소일렌트의 철학을 지지하지만, 먹는 것에 행복을 느끼는 정서 또한 포기할 수 없었습니다. 크라우드펀딩으로 1억 원을 모금했고 판매량이 가파르게 느는 중이에요."

미래식에 대한 관심은 높아지고 있다. '랩노쉬'를 생산하는 이그니스의 주소희 홍보팀장의 말이다. "매출은 상승세를 보이며 한 달에 7만 개 정도 팔립니다." 2016년 국내에서는 두 제품이 미래식 시장을 개척하고 있다.

알약만 먹으면 우리의 삶은 얼마나 재미없을까? 그런 점에서 미래식은 '장미꽃의 딜레마'에 직면해 있다. 먹을 빵을 주면서도 장미꽃을 선사해야 한다. 장미꽃에 반응하는 뇌를 설득해야 한다. 음식의 미세한 맛뿐만 아니라 음식 모양과 냄새, 기존에 가지고 있던 정보를 판단해 뇌는 우리에게 '맛있어요' 혹은 '맛없어요'라고 말한다. 더 맛있는 미래식을 만드는 것, 맛있으면서도 기본 칼로리를 충족하고 영양 균형을 맞춰야 하는 것이다. 그리고 그것은 생각보다 쉽지 않다. 가루 안에 그것을 다 담아야 하기 때문이다. 향긋한 와인 냄새, 군침을 돌게 하는 불고기 냄새를 좋아하는 대중의 미각을 설득해야 한다. 미래식이 앞으로 살아남을지 운명은 거기에 달렸다.

국내 업체들은 미래의 식사가 극단적인 효율성으로 귀결되지 않을 것이라고 본다. 오히려 미래의 인류는 기능적인 식사와 정서적인 식사를 분리해 섭취하게 될 것이라고 이들은 말한다. 즉, 정서적인 식사로 인한 과식, 편식 등의 문제를 기능적인 식사로 보완할 것이라는 것이다. 한 알만 먹으면 배부른 알약은 먹을거리에 담긴 인간의 다양한 욕망을 채워주지 못한다. 요리 본능으로 여기까지 온 인간 진화의 역사를 보았을 때, 이 알약은 아무리 좋은 것이 나와도 인기를 끌지 못할 것이다. 미래식은 인간에게 빵과 장미를 선사해야 성공할 것이다.

지구온난화

사실인가, 과장인가?

과학을 파는
전문가들

"(연구 결과가 나오면) 온라인 매체인 『브라이트바트』가 도와줄
수 있을 거예요……. 나 혼자 논문을 쓰게 되면 '연구자는 어떤
재정적 지원도 받지 않았다'라는 문장을 넣어도 문제 되지 않아
요. 이런 경우, 저는 보통 시간당 250달러를 받습니다. (미네소
타주에서 피보디 석탄회사를 위해) 증언했을 때에는 나흘 동안 8시

간씩, 합해서 8,000달러를 받았어요. (비용은) 저를 대신해서 이산화탄소연합(이산화탄소의 중요성을 홍보하는 단체)에 기부하시면 됩니다."(프린스턴대학 물리학과 윌리엄 하퍼 교수)

"시간당 비용 조건은 좋습니다. 이산화탄소연합에 익명 기부할 수 있습니다만, 혹시 그 단체가 나중에 기부자들을 공개하는지 살펴보는 게 좋을 거 같아요."(중동 석유회사의 자문사 E&P의 조너선 엘리스)

"법 규정을 다시 확인해볼게요. 하지만 이산화탄소연합 같은 단체가 기부자를 공개할 의무는 없는 것으로 압니다."(윌리엄 하퍼 교수)

두 사람은 이메일을 완곡하게 써 주고받았다. 행간을 읽으며 상대방이 어디까지 해줄 수 있을지 탐색했다. 정리해보자. 조너선 엘리스는 E&P의 컨설턴트다. 중동 석유회사의 자문을 맡았는데, 에너지 분야 전문가인 프린스턴대학의 윌리엄 하퍼 교수에게 보고서를 하나 써줄 수 있느냐고 묻는다. 주제는 개발도상국에서 화석연료 사용이 이점이 많다는 것이다. 그러자 하퍼 교수는 좋다면서 몇 가지 첨언을 한다. 연구 결과가 나오면 온라인 매체가 도와줄 것이다, 그리고 보고서 비용은 이산화탄소연합에 기부하라. 그러자 엘리스는 기부자가 공개되는 것 아니냐며 다시 묻는다.

그러나 이 스토리는 짜여진 연극에 하퍼 교수를 불러들인 것이었다. 조녀선 엘리스는 환경단체 '그린피스'가 만들어낸 '가짜 인물'이었다. 그는 중동 석유회사의 컨설턴트인 것처럼 하퍼 교수에게 접근해 보고서를 '청탁'했다. 파리 기후변화회의를 목전에 두고 있었다.

2015년 11~12월 주고받은 이메일에서 하퍼 교수는 시간당 250달러를 제시했고, 이해관계자에게서 돈을 받았다는 출처를 밝히지 않겠다고 제안했다. 하퍼 교수는 그린피스의 '함정 조사'에 걸렸다. 그린피스는 이메일 전문을 공개하면서 이른바 '과학을 파는' 전문가들의 실체를 폭로했다.

윌리엄 하퍼는 기후변화를 부정하는 이른바 '기후변화 회의론'의 대표 과학자다. 도널드 트럼프 미국 대통령은 2017년 1월 그를 만나고 백악관 과학기술비서관 최유력 후보로 검토하고 있다(2017년 말까지 최종 발표가 안 나오고 있다). 백악관 과학기술비서관은 미국뿐만 아니라 세계 과학기술 흐름에 중요한 키를 쥐고 있다. 나사나 해양대기청NOAA 등 최고 권위 연구기관의 예산과 정책 방향을 조정할 수 있다.

그러나 그린피스의 함정 조사에 드러났듯, 하퍼 교수는 '청부 논문'을 써주고 돈을 받는 '과학 장사꾼'에 지나지 않았다. 취재를 진행한 그린피스의 『에너지데스크』의 탐사기자 로런스 카터는 "담배산업이 그랬듯, 화석연료 기업은 학자들에게 돈을 주고 기후변화를 의심하게 만드는 작업을 해왔다"며 "하

지구온난화

퍼는 이 보도가 나간 뒤 지금까지 우리 질문에 답변하지 않고 있다"고 말했다.

대중과
과학의 먼 거리

미국 트럼프 행정부 주변에 있는 기후변화 회의론자는 하퍼 교수뿐만이 아니다. 하퍼가 논문을 크게 다루어줄 뉴스 매체로 소개한 『브라이트바트』의 창업자이자 최고경영자인 스티브 배넌은 2016년 11월 백악관 수석전략가로 임명되었다. 스티브 배넌 또한 공공연하게 기후변화를 부정하는 인물이다. 그의 매체 『브라이트바트』는 기후변화를 부정하는 뉴스의 확성기 역할을 했다.

또 다른 회의론자로 2017년 2월 기후변화 정책을 실행하는 환경보호청EPA 청장으로 임명된 스콧 프루잇 전 오클라호마 주 법무장관이 있다. 환경청장에 임명된 이후에도 그는 CNBC 인터뷰에서 "이산화탄소 등 우리가 알고 있는 것들이 지구온난화 원인이라는 데 동의하지 않는다"고 말해 반발을 불러왔다. "날조극은 아니지만, 과학으로 입증된 사실도 아니"라고 말한 라이언 징키도 상원 인준을 통과하고 내무장관에 임명되었다.

그는 2016년 5월 17일 『내셔널리뷰』 기고에서 "지구온난화의 범위와 정도, 인간 활동과의 관련성에 대해서 과학자들은 계속 부정하고 있다"고 주장했다.

이런 인물들로 행정부가 채워진 건 트럼프의 '막말'을 보았을 때 놀랄 일도 아니다. 트럼프는 그 자체가 지구온난화 회의론자에 가깝다. 그는 트위터에 지구온난화를 "허튼소리 bullshit"라고 하거나 "미국 기업의 경쟁력을 떨어뜨리려고 중국이 만든 개념"이라고 황당한 음모론을 내지른 바 있다. 트럼프는 또 예방접종도 믿지 않는데, 한번은 "아주 건강하게 자란 아이가 예방주사를 맞고 한 달 뒤 건강하지 않은 경우를 봐왔다"고 트위트를 올렸다. 트럼프 정부가 새로 만드는 백신안전위원회 위원장에는 로버트 케네디 주니어가 계속 거론되었다. 그는 예방주사가 소아 자폐증을 일으킨다고 공공연히 주장하는 인물이다.

어쩌면 기후변화는 거짓말이 아닐까? "누가 알겠어?" 하는 불가지론이나 음모론에 솔깃해지기 쉬운 건 사실이다. 미국 국민 중 인위적인 지구온난화를 믿는 비율은 61퍼센트밖에 안 된다. 재미있는 것은 정치 성향에 따라 과학적 믿음이 극명하게 갈린다는 점이다. 2014년 '퓨리서치센터' 조사를 보면, 공화당 지지자 중 온난화를 믿는 사람은 절반도 안 되었지만(37퍼센트), 민주당 지지자는 다른 나라와 비슷한 '정상치'에 가까웠다(79

퍼센트).

과학계에서 기후변화는 이미 합의에 도달했다. 회의론자들의 끊임없는 공격 때문에 1990년대부터 기후변화 과학에 대한 '메타연구'가 이어졌는데, 가장 최근인 2016년 서오스트레일리아대학 존 쿡 교수 등 기후변화 연구자 16명은 그간의 연구 결과를 분석한 결과, 과학계의 97퍼센트가 온난화를 지지하고 있다고 밝혔다. 이 정도 수치면, 학술지 논문 게재→동료 학자의 비판→이론의 수정 · 발전처럼 '동료 평가peer review'를 통해 생산되는 지식의 축적 과정에서 회의론자는 사실상 명함을 내밀지 못하고 있다는 이야기다.

이렇게 대중과 과학자들의 인식 격차가 커진 원인은 무엇일까? 담배와 기후변화 등 산업적 이해에 오염된 과학자들을 탐구한 책 『의혹을 팝니다』를 쓴 하버드대학 나오미 오레스키스 교수(과학사)에게 이메일을 보내 물었다. 그는 "경제적 이득과 정치적 성향 때문"이라고 잘라 말했다. 화석연료 산업계는 '회의론 과학'을 생산하고 동시에 공화당 정치인을 후원하면서 '기후변화에 대한 의심'을 대중에게 퍼뜨렸다. 과학자들에게 '사이비 과학' 취급 받는 회의론이 언론과 대중에게 과도하게 관심을 받는 모순적 상황으로 이어진 것이다.

물론 살아 있는 과학은 언제나 현재진행형이어서 불확실성이 존재한다. 정치 · 경제적 이해, 당대의 문화 등 외부적 요인도 실험실에서 기후모델을 돌리는 과학자에게 영향을 미친다. 회의론자들은 이 점을 파고든다. 오레스키스 교수는 이렇게 반박했다.

"물론 과학에도 사회적 단면이 있습니다. 하지만 기후변화 회의론자들이 (과학이 사회적으로 구성된다고 주장하는) 포스트모더니스트여서 기후변화를 부정하는 게 아닙니다. 그냥 그들은 자신의 경제적 이득을 취하고 작은 정부, 규제 완화와 감세 등 정치적 이데올로기에 봉사하는 사람들이기 때문입니다."

윌리엄 하퍼에게 함정 조사를 진행한 로런스 카터도 "가장 중대한 문제는 하퍼가 연구지원금의 출처를 숨기려 했다는 것"이라며 "저명한 과학학술지는 출처를 명기하지 않는 행위를 비윤리적으로 본다"고 말했다.

"객관적 현실은 존재한다"

트럼프 정부의 등장으로 과학은 파탄 날 것인가? 오레스키스 교수는 "그렇지는 않을 것"이라고 전망했다. 그는 "트럼프는 나사의 (기후변화 연구를 위한) 인공위성 연구 부처를 폐지하고 환경청과 에너지부의 과학 예산을 깎는다고 공언했지만, 여론

조사에 나타난 사람들의 의견은 여전히 과학을 지지하고 신뢰한다. 여타 이슈처럼 대중의 인식과 정치인의 리더십 사이에 불일치가 있을 뿐"이라고 말했다.

그러나 우려는 점차 현실이 되어가고 있다. 대중의 과학에 대한 믿음은 갑자기 변하지 않을 것으로 보이지만, 트럼프 정부는 '믿는 대로 행동했다'. 정부 정책이 변하면 사람들의 믿음도 변한다. 2017년 6월 트럼프 행정부는 '설마' 하는 사람들의 예상을 깨고 '파리기후변화협정'을 탈퇴했다. 파리기후변화협정은 2015년 지구 기온 상승을 2도 이내로 묶어두는 것을 목표로 전 세계가 체결한 것이다. 이마저도 지키지 못하면 지구의 미래는 없다고 전 세계 기후학자와 환경운동가들은 경고해왔다. 트럼프 대통령의 측근들은 미국의 협정 탈퇴에 대해 설명하느라 진땀을 뺐다. 하지만 트럼프 대통령은 지금까지는 기후변화를 사기라고 보느냐고 묻는 말에는 답하지 않고 있다.

미국의 파리기후변화협정 탈퇴 몇 달 전, 저명한 학술지 『네이처 기후변화』는 미국이 협정을 이행하지 않아도 여파는 크지 않을 것이라는 연구 결과를 소개했다. 그러나 기후변화 협상은 각국이 눈치 보면서 손해 볼 일은 피하는 '죄수의 딜레마' 게임이다. 기후변화에 대한 미국의 소극적인 움직임은 전체 판을 망가뜨릴 수 있다. 연구진은 미국의 불참 신호가 다른 회원국에 영향을 주면, 지구 평균기온 0.25도 상승에 해당하는 탄소

3,500억 톤이 추가 배출될 수 있다고 예측했다.

예일대학 경제학과 윌리엄 노드하우스 석좌교수는 『기후 카지노』에서 기후변화 정책의 장애물로 3가지를 든다. 첫째는 세계 각국이 '죄수의 딜레마' 게임을 하고 있다는 것이다. 각 국가 지도자들은 자기 나라의 이득을 위해 '고통 분담'은 하지 않고 기후변화 저감 정책에 따른 '편익'은 취하려고 머리를 굴린다. 트럼프 정부의 파리기후변화협정 탈퇴도 이러한 경제적 편익 때문이라는 해석이 많다. 자신의 지지 기반이자 미국의 전통 산업인 석유와 가스 산업의 이득을 줄일 필요가 없다는 것, 이 시점에서 미국이 나서지 않는 게 국익에 좋다는 점을 알고 있기 때문이다. 윌리엄 노드하우스는 이러한 '경제적 국가주의'를 극복하기 위해 비참여자들에게 벌금을 물려 무임승차 경향을 제어해야 한다고 제안한다. 사실 20세기 이후 상업포경 모라토리엄과 수산자원 보전 등과 관련해 무역제재가 있었다. 하지 못할 게 없겠지만, 과연 초강국 미국에 맞설 수 있을지는 또 다른 문제다.

둘째는 세계 각국이 기후변화 문제에서 '현재의 포로'에 묶여 있다는 것이다. 온실가스 배출과 감축에서 비롯된 수익이 너무 먼 미래에서 발생한다는 것이다. 감축의 편익은 배출 감축 행위를 하고 난 뒤 약 50년 뒤에 나타난다는 게 노드하우스 교수의 계산이다. 인간은 다음 세대를 보지 못할 정도로 어리석

지구온난화 _ _ _ _ _ _ _ _ _ _ _ _ _ _ _ _ _ _

미국의 과학자들과 환경운동가들은 2017년 2월 19일 보스턴에서 트럼프 행정부의 반과학 행보를 비판하는 시위를 벌였다.

다. 그래서 기후변화 문제는 세대간 문제이기도 하다.

셋째는 기후변화 정책으로 인해 승자뿐만 아니라 패자 또한 존재한다는 것이다. 전자가 태양열, 풍력 등 재생에너지 산업이라면, 후자는 석탄, 석유 등 굴뚝산업이다. 두 진영에서 녹을 먹는 수많은 사람이 있고, 그들은 당파성의 포로가 된다. 기후변화 과학과 담론에는 강한 당파성이 존재하고, 두 진영은 과학적 논리로 치장한 미래상을 제시한다. 이를테면 엑슨모빌은 2000~2003년 지구온난화의 위험성을 경고하는 과학이나 경제학에 비판적인 이들에게 800만 달러의 후원금을 제공했다. 윌리엄 하퍼도 이런 당파성의 포로들에게 '우리는 옳아' 하는 신념을 공급하는 '유사과학' 생산자다.

이런 상황에서 과학은 어떤 길을 가야 할 것인가? 오레스키스 교수는 그의 책 『의혹을 팝니다』에서 지금의 상황을 이렇게 빗댄다.

"거대한 만찬장……. 수억 명의 사람들이 마음껏 먹고 마신다. 남자가 계산서를 들고 오자 사람들은 충격에 빠진다. 어떤 이들은 자기 계산서가 아니라고 부정하기 시작한다. 어떤 이들은 계산서가 존재한다는 사실 자체를 부정한다."

인간은 논리적인 존재가 아니다. 특히 자신의 이득이 줄어든다고 생각하면, 냉철한 판단을 하지 않는다. 공포와 두려움, 억울함은 과학과 논리를 불러낸다. 유사과학이 탄생한다. 언론은 다양한 의견과 반론을 듣는다는 이유로 유사과학을 지면에 싣고 방송에 토론을 붙인다. 오레스키스 교수는 이렇게 비판한다.

"어떤 쟁점에 대해 양쪽 모두의 말을 듣는 것은 양당제에서 정치토론을 할 때는 말이 되지만, 이 방식을 과학에 적용하면 문제가 생긴다."

과학자들은 위협을 느끼고 있다. 2017년 2월 미국 보스턴에서는 과학자와 시민 1,000여 명이 모여 "객관적 현실은 존재한다"는 피켓을 들고 '반과학 정책'에 반대하는 시위를 벌였다. 보스턴은 하버드대학과 매사추세츠공과대학MIT 등 유수 대학이 있는 곳이다. '지구의 날'인 4월 22일에도 전 세계 과학자들은 대규모 집회를 벌였다. 낯선 광경이었다.

인류세

인류세의 시작은 언제인가?

217억 마리가 사는
'닭의 행성'

"여기가 닭뼈들이 발견된 지층입니다." 그는 내 코 바로 앞의
검은 지층을 가리키며 말했다. "이 뼈들은 현대의 것과 전혀 섞
이지 않았다고 확신합니다. 여긴 켄터키 프라이드 치킨이 전혀
없다고 봐야지요."(앤드루 롤러의 논픽션 『치킨 로드』가 묘사한 고
대 닭 화석 발굴 장면)

갈루스 갈루스 도메스티쿠스*Gallus Gallus domesticus*. 가축화된 닭의 학명이다. 지금 이 순간에도 공장식 축산 농장 등에서 217억 마리의 갈루스 갈루스 도메니쿠스가 살고 있다(유엔 식량농업기구 2013년 자료). 개와 고양이, 돼지와 암소를 합친 수보다도 많다. 한 해 도살되는 닭은 500~600억 마리로 추정된다.

현대의 고생물학자들은 닭이 야생에서 마을로 들어온 그 결정적 순간의 닭뼈 화석을 찾아 헤매고 있지만, 수백만 년이 지난 뒤 지구의 어느 지적 생명체는 우리가 살았던 시대의 증거를 찾기 위해 켄터키 프라이드 치킨의 뼈를 찾고 있을 것이다. 우리가 사는 시대는 인간이 지구를 통째로 바꾸어 놓는 지질시대, 바로 '인류세Anthropocene'다.

인류세는 1만 2,000년 전 시작된 홀로세가 끝나고 새로운 지질시대가 시작되었다는 주장이다. 온실가스 배출에 따른 기후변화, 대기 성분의 변화, 방사성물질, 플라스틱 등의 잔존 등 인간으로 인한 돌이킬 수 없는 변화가 일어났다고 본다.

인류세라는 말은 1980년대 미국의 생물학자 유진 스토머가 처음 썼지만, 본격적으로 대중에게 알려지게 된 것은 2000년 유진 스토머가 『국제지권생물권프로그램International Geospere-Biosphere Programme, IGBP』에 노벨상 수상자인 네덜란드의 대기화학자 폴 크루첸과 함께 인류세에 관한 기고를 올리면서부터다. 이들은 지구가 산업혁명 이후 새로운 지질시대에 들어왔으며,

그 주요한 원인은 인간의 활동 때문이라고 주장했다.

인류세는 지질학계를 넘어서 대기화학, 인류학, 사회학 등 대다수 학계의 키워드가 되었다. 부산대학교 지질환경과 남욱현 교수 등이 인류세 논의를 정리한 논문(「인류세의 시점과 의미」, 『지질학회지』 52권 2호)을 보면, 2014년 한 해에만 200편이 넘는 인류세 관련 논문이 나왔고, 2013년과 2015년 사이에 학술지가 3권이나 창간되었다고 한다. 인류세를 공인할 수 있는 건 지질학계다. 2016년 9월 세계지질학술대회에서 인류세가 다시금 논의되면서 인류세는 미래의 키워드로 떠올랐다.

학술대회 직후 인류세 워킹그룹AWG을 이끄는 영국 레스터대학 얀 잘라시에비치 교수에게 이메일을 보내 인류세에 대해 대화를 나누었다. 학계에서 인류세 논의를 주도하고 있는 그가 인류세의 키워드로 강조한 것은 의외로 '닭뼈'였다.

"닭뼈의 화석은 인류세의 특징을 형성할 동식물 화석 중의 하나입니다. 지금의 쓰레기매립장에서 나중에 닭뼈 화석이 발견될 수 있을 것입니다."

인류세 워킹그룹은 국제지질학연맹IUGS 산하 국제층서위원회ICS의 전문가그룹으로, 인류세를 공식 지질시대로 등재할 수 있을지 연구하고 있다. 이들은 2016년 9월 남아프리카공화국 케이프타운에서 열린 세계지질학술대회IGC에서 20세기 중반을 인류세의 시발점으로 보아야 한다는 투표 결과를 발표했다. 얀 잘라시에비치는 인류세 워킹그룹의 의장을 맡고 있다.

미래의
화석

"왜 치킨입니까? 닭뼈가 인류세의 표준화석이 될 수 있나요?"

"닭뼈가 표준화석까지 되지는 못할 것입니다. (기존에 나온) 내 인터뷰 기사에 살짝 과장이 들어가 있었습니다. 그러나 치킨(가축이 된 닭)은 인류세 화석의 특징을 형성할 많은 동식물 중의 하나인 것은 분명합니다."

"일반적으로 화석이라고 하면 지구를 누볐던 공룡이나 매머드 같은 대형 동물, 은행나무 같은 식물군락 등을 대중들은 상상합니다. 그러나 닭은 부위별로 분해되어 소비되고 버려집니다. 닭 다리뼈, 가슴뼈 등으로 분해되어 쓰레기매립장으로 갈 테고, 머리뼈는 어디로 가는지도 모르겠습니다. 수백만 년 뒤의 연구자가 인류세 지층에서 닭뼈 화석을 발견한다면 그곳은 어디가 될까요? 어떤 특징이 인류세의 닭뼈 화석을 좌우하게 될까요?"

"그것이 지금 우리가 초점을 맞추어 연구하는 부분입니다. 항상 그런 건 아니지만 고생물학자들은 유기체의 일부도 특정 생물의 것이라고 식별해냅니다. 공룡이나 포유동물 개개의 뼈나 상어의 이빨, 나무의 잎 등이 그렇지 않습니까? 쓰레기매립장이 그런 미래 화석들을 보존하는 좋은 장소가 될 것입니다."

동남아시아에서 살던 야생 닭 '적색야계Gallus Gallus'가 현대 닭의 기원이다. 이 새는 잘 날지 못했다. 최소 5,000년 전, 멀게는 1만 년 전 인간에게 투계용으로 잡히거나 알을 낳고 고기를 제공하는 새로 길들여졌다. 유럽에 다다른 것은 기원전 3000년경으로 추정된다. 20세기 들어 공장식 축산의 등장으로 지구는 '닭의 행성'이 되었다.

산란계에서 수평아리들은 태어나자마자 폐기 처분되고, 부리가 절단된 암평아리들은 매일 한 알씩 낳으면서 비좁은 배터리 케이지에서 2년을 못 살고 폐기된다. 국내 가축사육시설 단위면적당 산란계 사육 기준(1마리당 0.042제곱미터)을 따르더라도, 닭은 평생 A4 용지 3분의 2 크기의 케이지를 벗어나지 못한다. 그러나 닭은 국제적인 무역으로 가장 먼 거리를 이동하는 '철새'다. 수입된 사료와 항생제로 키운 닭과 그 고기와 계란은 수출되어 지구를 뒤덮고 있다.

"지질시대 경계를 보여주려면 당시 시대가 기록된 지층인 '국제 표준층서구역GSSP'이 있어야 합니다. 전 지구적 사건의 표지가 나타나 있어야 하고, 연속적 퇴적층이 존재해야 합니다. 이곳에서도 닭뼈를 볼 수 있을까요?"

현대 닭의 기원은 적색야계다. 이 새는 날지 못했는데, 인
간에게 투계용으로 잡히거나 알을 낳고 고기를 제공하는
새로 길들여졌다.

"인류세에 해당하는 표준층서구역 후보군을 찾는 작업을 하는 중입니다. 쓰레기매립장이 후보로 선택된다면 당연히 닭뼈가 포함되겠지요. 화석이 될 수 있는, 인간이 만든 다른 인공물도 함께 발견될 겁니다. 우리는 쓰레기매립장이 (후보군이 될) 가능성이 있다고 보고 있습니다."

"닭뼈 말고 미래 화석이 될 수 있는 다른 게 있다면요?"

"다양한 동식물상과 인간이 자연을 개조한 방식을 보여주는 물질들이 미래 화석이 될 수 있습니다. 외부에서 들어와 대규모로 번식한 쥐나 토끼, 얼룩홍합 등입니다. 인간에게 길들여진 동물의 잔해도 퇴적 과정을 거치면 미래 화석이 될 것입니다."

그간 인류세를 두고 벌어진 논쟁 중 하나는 과연 인류세가 언제 시작되었느냐는 것이다. 첫째는 농업혁명이 진행된 8,000년 전에 인류세가 시작되었다는 견해다. 인류가 최초로 지구 생태계에 대량 변형을 가한 시기가 이때라는 것이다. 산림이 벌채되고 가축이 등장했으며 도시가 생겨났다. 이산화탄소 농도도 이때부터 늘어났다는 연구 결과도 있다.

둘째는 신대륙이 발견된 1492년으로 보는 견해다. 서구 문명이 급속히 팽창하고 종들이 섞인 시대다. 바이러스가 이동하고 야생동물이 멸종했으며 원주민도 사라졌다. 자본주의적 근대의 여명이 시작된 시대다.

셋째는 산업혁명을 시점으로 보는 견해다. 폴 크루첸이 애초 인류세를 이야기하면서 들었던 인류세의 시점이다. 아시다 시피 내연기관의 발명으로 화석연료의 사용이 본격화되었다. 교통과 통신이 발전해 시공간이 압축되었다. 인간 문명은 기존과 비교할 수 없는 속도로 지구 생태계를 변형시켰다. 숲은 농업혁명 이후 줄어들긴 했지만, 이때의 비약적인 침략은 비교할 만한 게 못된다. 이산화탄소 배출량도 비약적으로 늘어났다.

넷째는 20세기 중반의 대가속기Great Acceleration다. 인구의 가파른 증가, 기술의 비약적 발전, 에너지의 대량 소비 등 소비사회로 특징되는 이 시기는 기존 산업혁명이 일으킨 변화와 질을 달리한다. 먼저 인공방사능이 나타났다. 인간은 새로운 화학물질을 제조해 지구를 파멸에 이를 수 있게 되었다. 일본 히로시마의 원자탄 투하, 구소련 체르노빌 원자력발전소 사고가 그 전조다. 이 시대부터 본격적으로 쓰이기 시작한 플라스틱은 사라지지 않고 지구의 바다를 채우고 있다. 잘라시에비치에게 다시 물었다. 그는 네 번째 견해에 서 있다.

켄터키 프라이드 치킨이 인류세의 증거다

"농업혁명이 진행된 8,000년 전, 신대륙이 발견된 1492년, 산업혁명이 일어난 18세기 등 인류세가 언제 시작되었는지를 두고 학계에서 논쟁이 있었습니다. 인류세 워킹그룹은 20세기 중반을 인류세의 출발 지점으로 보는 보고서를 이번에 제출했습니다. 왜 20세기 중반인가요?"

"20세기 중반은 인공 방사성핵종, 플라이애시flyash 입자(미세먼지의 일종), 플라스틱, 알루미늄, 콘크리트, 잔류 농약 등 인류세의 선명한 지표들이 마구 쏟아지는 시점입니다. 이러한 물질들이 확산되었고, 일부 물질은 전 지구에 퍼졌습니다. (인류세) 지층에 매우 특징적인 성격을 부여할 것으로 보입니다."

대가속기에 나타난 변화가 가장 극명하다는 것이다. 특히 인공 방사성핵종과 플라스틱 등 자연에 존재하지 않았던 물질의 출현이 인류세를 정의하는 다른 세 이론과 가장 차별되는 지점이다. 플라스틱은 이미 일종의 '화석'이 되어 발견되고 있다. 2014년에는 미국 하와이 해안가에서 플라스틱이 퇴적된 새로운 유형의 돌덩어리가 발견되었다는 보고가 학계에 전해졌다. '플라스티글로머리트'로 이름 붙여진 이 암석은 녹은 플라스틱과 바다모래, 조개껍질, 산호 등이 뒤엉켜 퇴적된 물질이다. 플라스틱은 썩지 않고 오래 간다.

"일부 보도를 보면, 인류세가 공인된 것처럼 나옵니다."

"잘못된 보도입니다. 우리는 국제 표준층서구역을 미리 정한 뒤 공식 제안서를 만들려고 합니다. 매우 힘들고 복잡한 작업이 될 것 같습니다."

당신이 먹고 버린 켄터키 프라이드 치킨이 인류세의 증거다. 닭뼈 이외에도 플라스틱, 알루미늄, 콘크리트 등도 퇴적층에 쌓여 보존되면 인류세의 화석이 될 수 있다고 잘라시에비치는 말했다. 잘라시에비치는 2016년 1월 『사이언스』에 실은 논문에서 인류에 의해 창조된 이런 물질들의 화석을 '기술화석technofossil'이라고 정의했다.

인류세 워킹그룹은 2~3년 안에 표준층서구역 후보군을 선정해 최종 보고서를 낼 계획이다. 이를 토대로 신생대 제4기 지층 소위원회와 국제층서위원회, 국제지질학연맹에서 차례로 찬성표를 받아야 인류세는 비로소 공식 지질시대로 등재된다.

인류세가 공식 지질시대로 공인될 가능성도 있다. 2016년 9월 남아프리카공화국에서 열린 세계지질학학술대회에 참가한 부산대학교 임현수 교수(지질학)는 "이 첫 단계를 통과했다고 보면 된다"며 "인류세가 완전히 공인되려면 적어도 수년은 걸릴 것"이라고 말했다. 임현수 교수에게 인류세 공인 절차에 대해 들어보았다.

"인류세가 공식 지질시대가 될 것이라는 보도가 있었습니다."

"인류세가 학계에서 공인된 것은 아닙니다. 지질시대를 바꾸는 일은 지질학에서 너무도 중요하기 때문에 까다로운 절차를 거쳐야 합니다. 보통 지질시대에 대한 결정은 국제지질학연맹의 산하기관인 국제층서위원회에서 하게 됩니다. 어떤 지질시대에 대한 문제가 제기되면 국제층서위원회에서 산하 위원회Subcommission와 워킹그룹을 구성해서 조사합니다. 이번에 기사에 나오고 있는 내용은 인류세 워킹그룹 소속 35명의 학자가 투표를 해서 30대 3으로 통과가 되었다는 의미입니다."

"그 다음 절차는 어떻게 됩니까?"

"산하 위원회(제4기 지층 소위원회)에서 60퍼센트 이상이 찬성을 해야 하고, 다시 국제층서위원회 부서(대표와 산하 위원회 의장들)에서 다시 60퍼센트 이상 찬성을 해야 국제지질학연맹 대표 회의로 올라가게 됩니다. 거기서 최종 인준을 받아야 인류세가 완전히 공인되는 것입니다. 따라서 인류세가 공식적인 지질시대로 인정받기 위해서는 최소한 수년이 더 걸릴 것으로 보이고, 중간에 반대표에 의해 무산될 수도 있습니다. 이번에 발표된 것은 가장 첫 단계를 통과했다고 이해하면 될 것 같습니다."

북극곰

기후변화의 척도가 되다

출몰하는 곰과
공존을 택한 사람들

제프 처치머치는 총에 마취제를 장전하고 있었다. 캐나다 매니토바주 환경보전국에서 일하는 그에게 지금은 한 치도 긴장을 늦추면 안 되는 북극곰 경계 시기다. 이곳은 '세계 북극곰의 수도'를 자처하는 처칠이다. 사람(처칠 인구 813명)보다 북극곰(서부 허드슨만 계군 기준 1,030마리)이 많은 북극권 허드슨만의 작은 마을이다. 이즈음 북극곰이 유난히 자주 눈에 띄는 이유는 북극곰이 허드슨만의 북극 바다로 나가기에 앞서 마을 주변에서 어슬렁거리기 때문이다. 11월 중순 바다가 얼면 북극곰은 바다에 나가 물범을 사냥하다 이듬해 7월께 다시 육지에 돌아온다. 처치머치는 마을로 들어온 북극곰을 쫓아내는 일명 '북극곰 보안경찰'이다.

사륜구동 트럭을 타고 처치머치와 함께 마을 주변을 순찰했다. 해안가와 늪지대 등 북극곰이 침투하는 길목에 차를 세우고 망원경으로 '말썽꾸러기 북극곰'을 찾는 방식이었다.

"엊그제는 새벽 5시에 신고전화가 와서 출동했어요. 저기쯤에 있었는데……. 공포탄을 쏴서 쫓아냈지요."

처칠은 철벽같은 '북극곰 경계 시스템'을 자랑한다. 혼자 나다니지 마라, 음식물쓰레기는 밖에 두지 마라, 해안가는 가지 마라 등의 행동지침으로 주민들은 무장되어 있다. 북극곰을 발견하면 신고를 하는 것도 습관이 되었다. 전화번호는 654-BEAR(전화번호의 영어 표기, 2327)다. 제프를 비롯한 6명의 '북극곰 보안경찰'이 24시간 대기하며 출동한다.

"마을에서 가까운 지역부터 1구역, 2구역, 3구역으로 나뉘어요. 1구역에서는 사이렌을 울리고 총을 쏴서 북쪽으로 몰아요. 그러면 북극곰은 처칠강을 헤엄쳐서 사라져요. 2구역은 공포탄을 쏴서 접근을 차단하는 정도이고, 3구역은 이동 경로만

북극곰

관찰해요. 위험한 상황일 때는 총을 쏴야 하는데, 마취제 5cc면 230킬로그램짜리 북극곰을 3시간 잠들게 할 수 있어요."

그러나 북극곰은 인간들이 자신을 겁주면 주었지 해치지 않는다는 사실을 잘 알고 있다. 그래서 공포탄을 쏴서 쫓아내도 며칠 뒤 마을에 접근한다. 이런 북극곰을 '문제 북극곰'이라고 부르는데, 보통 생포해서 '북극곰 감옥'이라고 불리는 북극곰 보호소에 30일 동안 가두어둔다. 먹이는 주지 않고 눈이나 물만 준다. 어차피 이때는 북극곰이 움직임을 최소화하면서 사냥하지 않는 시기다. 11월 말이 되면 '감금 일수'를 따지지 않고, 모두 헬리콥터를 태워 언 바다에 풀어놓는다.

"그때가 되면 문제 북극곰은 마을을 거들떠보지도 않아요. 얼음이 언 바다에는 먹을거리가 많으니까요."

처칠은 어떻게 북극곰이 몰려드는 곳이 되었을까? 북극곰 연구의 권위자인 캐나다 앨버타대학 이언 스털링 교수는 1960년 대부터 북극곰 목격 기록이 늘어났다는 점에 주목한다. 모피무역상인 허드슨베이 상사와 군 기지가 철수한 직후다. 상당수 사람이 떠난 뒤 북극곰은 맘 놓고 한산해진 마을을 활보하기 시작한 것이다. 특히, 북극곰의 관심을 끈 건 마을 동쪽의 쓰레기매립장이었다. 1968년 11월 북극곰 40마리가 한꺼번에 쓰레기장을 뒤덮은 것은 전설적인 사건으로 남아 있다.

그러나 문제는 역시 쓰레기장이었다. 북극곰을 꼬이게 하

'문제 북극곰'들은 이른바 '북극곰 감옥'이라고 불리는 북극곰 보호소에 수용되었다가 허드슨만 바다가 얼면 헬리콥터에 태워져 야생방사된다.

면서 1968년 19세 소년이 숨지는 등 사고가 일어났기 때문이다. 1971년 매니토바 주정부는 문제 북극곰 50마리를 사살하는 방침을 세웠다. 이 계획에 반대해 세계동물복지기금IFAW은 DC-3 항공기를 임대해 북극곰을 처칠에서 약 300킬로미터 떨어진 곳에 방사하자고 제안했다. 동물보호 여론이 움직였고 1975년까지 40마리의 북극곰이 비행기를 타고 목숨을 부지할 수 있었다. 1981년에는 북극곰 보호소가 문을 열었다. 이런 식으로 북극곰 경계 시스템이 체계를 갖추기 시작했고, 지금은 인간과 동물의 충돌을 관리하는 세계적인 모범 사례로 떠올랐다. 북극곰 경계 시스템에는 3가지 원칙이 통용된다. 첫째, 북극곰 사살은 피하고, 둘째, (인간을 무서워하지 않는) 문제 북극곰은 감옥에 가두고, 셋째, 헬리콥터에 태워 먼 곳에 떨어뜨린다.

이날 북극곰 보호소 앞에서 관광객 수십 명이 북극곰 경계 시스템에 대한 설명을 듣고 있었다. 보호소에는 어미와 새끼가 함께 머무를 수 있는 가족실 2개를 포함해 총 28개 방이 있다. 내부는 공개되지 않는다. 처치머치는 "현재 가족 한 팀을 포함해 6마리가 수용되어 있다. 2~3주 뒤에는 가득 찰 것"이라고 말했다.

'말썽꾸러기들'을
연구한 과학자들

과학자들의 발걸음을 처칠에 이끈 것도 '쓰레기장'과 '문제 북극곰'이었다. 1967년 쓰레기장 북극곰에 전파송수신 장치를 부착한 연구가 시작되었고, 매년 같은 북극곰이 처칠을 방문한다는 사실을 알아냈다. 지금은 북극권 전체에 19개 계군이 있고, 처칠의 북극곰은 그중 '서부 허드슨만 계군'이라는 사실은 상식이 되었지만, 그 당시만 해도 대단한 발견이었다. 1970년대에는 처칠 동쪽이 매년 북극곰 100~150마리가 태어나는 세계 최대 규모의 번식지인 사실도 밝혀졌다.

세계자연보전연맹IUCN 산하 '북극곰전문가그룹PBSG'이 북극곰 보전의 중심 세력이 되어갔다. 이들은 초기 북극곰 밀렵에서 기후변화와 북극곰의 관계로 연구 주제를 옮겨갔다. 처칠은 과학자들이 가장 즐겨 찾는 지역이었다. 이언 스털링은 이렇게 말했다.

"처칠에서는 북극곰이 (바다얼음이 얼기 전) 해안가 육지에 머무릅니다. 북극곰을 찾기도 쉽고 잠시 마취시킨 뒤 정보를 얻기도 좋지요. 북극해에서 흩어져 있는 북극곰을 찾는 것보다 처칠 주변에 모여 있는 북극곰을 연구하는 게 훨씬 비용이 덜 들지요."

기후변화와 관련한 세계적인 논문이 처칠에서 나왔다. 1999년부터 출판된 논문은 갈수록 줄어드는 바다얼음 면적과 처칠에서 포획된 북극곰들(북극곰 감옥에 가는 그 북극곰들!)의 건강 상태의 상관관계를 추적하고 있었다. 북극곰의 체질량지수 BMI는 나빠지고 있었다. 2008년 통계 모델을 돌린 스티븐 암스트럽 등 과학자들은 암울한 전망을 내놓았다. 현 추세대로라면 이번 세기 중반까지 전 세계 북극곰 3분의 2가 사라진다는 것이었다. 2009년 암스트럽과 스털링 등의 연구에서는 이번 세기 말 북극곰의 여름 서식지 면적이 68퍼센트 감소한다는 충격적인 결과가 나왔다. 2014년 현재 전 세계 북극곰은 2만 5,000마리로 추정된다고 북극곰전문가그룹은 밝혔다.

처칠의 연구를 토대로 '기후변화 가속화=북극곰 멸종'이라는 등식이 성립되었다. 미국 정부는 2008년 북극곰을 기후변화에 따른 '멸종위기종'으로 지정했다. 당시 미국 지질조사국에서 기초작업을 벌인 스티븐 암스트럽 '북극곰인터내셔널' 수석과학자는 "북극곰이 기후변화를 상징하게 된 결정적인 사건이었다"고 말했다.

"집에 가면
태양열 패널을 달겠다"

처치머치와 헤어진 이날 오후, 나는 처칠 동쪽의 옛 쓰레기장에서 북극곰 가족을 만났다. 북극곰 접근을 막기 위해 지붕이 덮인 현대식 재활용센터가 생겼지만, 여전히 일부 북극곰은 먹을 게 없는데도 옛 쓰레기장을 찾는다.

이튿날 오전에는 처칠 동쪽 15킬로미터 지점에서 북극곰 두 마리를 만났다. 이제 갓 독립한 암컷 새끼로 보이는 북극곰은 꽁꽁 언 툰드라 호수 위에서 낮잠을 자고 있었고, 수컷 북극곰은 썰매 개 사육장 주변을 돌아다니고 있었다. 수컷은 내가 탄 차량이 신기했는지, 몸을 세우고 창문 안을 들여다보았다. 약 30분 뒤 북극곰 보안경찰이 출동해 개체를 확인했다.

기후변화의 증언자들은 처칠의 관광객들이다. 1979년 처칠의 한 주민이 녹슨 농기계와 차량을 개조해 '툰드라버기'를 만들었을 때만 해도 이 작은 마을이 세계적인 북극곰 생태관광지로 성장할 줄은 아무도 몰랐다. 바퀴 높이만 2미터가 넘는 이 설상차는 움푹 패고 물이 고인 툰드라 대지를 이동하며 북극곰을 찾아다닐 수 있다. 초기에는 다큐멘터리 제작진에게 이용되다가 나중에는 대중 관광에 이용되었고, 지금은 처칠 관광객들의 필수 코스가 되었다.

과학자들은 북극곰을 보리 온 관광객들의 교사가 되어주
었다. 11년 전 내가 처칠을 처음 방문했을 때, 가장 인상적이었
던 건 시청 강당에서 열린 과학자들의 무료 기후변화 강연이었
다. 2002년 설립된 환경단체 '북극곰인터내셔널'은 그때나 지
금이나 과학자와 대중을 연결해주고 있다. 툰드라버기에 전문
가들이 동승해 관광객들에게 기후변화와 북극곰 생태를 설명
한다. '북극곰 주간'에는 과학자들을 초청해 강연과 토론회를
벌였고, 재생에너지 캠페인, 북극곰 라이브캠 등의 행사도 진행
했다. 매년 처칠에 오는 관광객은 1만 명에서 1만 2,000명이다.
처칠 경제의 60퍼센트가 관광산업이다. 처칠은 북극곰이 먹여
살린다.

처칠의 북극곰 관광이 환경보전에 얼마나 기여했는지 정
확히 추정하기는 힘들다. 굳이 먼 북극까지 비행기를 타고 와
북극곰을 쫓아다니며 뿜어대는 이산화탄소량이 지구온난화를
악화시킬 뿐이라는 비판적인 연구도 있다. 그러나 분명한 사실
은 처칠의 주민들이 반세기 동안 북극곰과 공존하는 방법을 배
워왔다는 점이다. 그리고 지금 처칠은 세계인들에게 기후변화
의 위험성을 이야기하는 마을이 되었다. 이 과정에서 과학자들
은 연구 성과를 올렸고, 환경단체는 자신들의 주장을 대중적으
로 전파했으며, 처칠 주민들은 일자리를 얻을 수 있었다.

미국 미네소타주 세인트폴의 코모동물원 사육사인 멜러니

호트는 매년 이맘때 북극곰인터내셔널 소속으로 툰드라버기에서 가이드를 하기 위해 처칠을 찾는다. 그는 "여행을 마친 관광객들은 집에 가서 태양열 패널을 달겠다고 한다. 처칠이야말로 인간과 북극곰이 어떻게 연결되었는지 보여주는 곳"이라고 말했다.

FUTURE & SCIENCE

4

노동

기계가 지배하는 시대

아마존의 시스템과
기계의 힘

구글의 인공지능 알파고가 천재 바둑기사 이세돌을 쓰러뜨린 2016년 3월, 한국에서는 인공지능에 대한 온갖 이야기가 난무했다. '터미네이터'가 등장해 기계가 인간을 지배할 것이라는 등의 온갖 묵시록적 전망마저도 넘쳐났다. 이 중 상당 부분이 지나치게 먼 미래에 대한 허황된 이야기라고 생각하지만, 일부는 이미 벌어지고 있는 현실에 대한 성찰을 담고 있기도 했다. 그것은 바로 기계화와 노동의 관계다.

사실 기계화는 이미 진행되고 있다. 1990년대 후반부터 벌써 20년 가까이 이어지고 있는 추세이기도 하다. 인터넷의 등장은 기계화의 제1차 관문이었다. 인터넷 초창기에 탄생해 바로 지금 전 세계 유통시장을 지배하고 있는 아마존의 존재는 바로 이 주제, 기계화와 노동의 관계에 대한 구체적인 단서를 살펴볼 수 있게 해주는 사례다. 온라인 쇼핑 시대를 열며, 등장했을 때부터 이미 오프라인 판매 서비스 인력을 위협했던 아마존은 이제 물류와 배송은 물론 오프라인 매장까지 '기계'를 도입하며 '아마존 제국'을 만들어나가고 있다.

거대 인터넷 유통기업인 아마존은 2016년 12월 24일부터 1월 2일까지 이어진 크리스마스 휴가 시즌에 세계적으로 10억 개 이상의 상품을 배송했다. 아마존에 따르면 이는 역대 최대 규모다. '사이버 먼데이(11월 28일~12월 4일, 미국 추수감사절 연휴 직후 첫 월요일)' 때는 모바일을 통해 아마존에서 판매한 전자제품이 1초당 46개에 달했다. 이 엄청난 규모의 물류를 배송하고 처리하는 데 필요한 시간은 그리 길지 않은 듯하다. 미국 캘리포니아의 한 고객은 크리스마스이브 때 주문 뒤 13분 만에 상품을 받아보았다고 한다.

이런 놀라운 속도의 마술은 시스템과 기계의 힘에서 비롯되었다. 미국의 물류창고 20곳에서는 4만 5,000대의 로봇이 빠르고 정확하게 임무를 수행했다. 거대한 유압식 암리프트인 '로보-스토'가 커다란 재고품들을 물류창고의 높은 곳으로 올리거나 다시 내리는 구실을 하고, 바닥에 내려온 팰릿(화물 운반대)은 로봇 청소기처럼 바닥을 미끄러져 다니는 오렌지색의 작은 로봇, '키바'에 의해 배송 데스크 등을 향해 정확히 이동한다. 키바는 팰릿 밑으로 기어들어가 제 몸무게의 5배에 달하는 1.4톤까지 들어 올려 화물을 옮긴다. 주문이 폭증해도 물류센터는 혼란스럽지 않다. 감정을 드러내지 않는 기계는 '빠르게' 이곳저곳을 미끄러져 다니며 '정확히' 인간 앞에 상품을 가져다줄 뿐이다.

아마존은 기계의 힘으로 유통제국을 건설하고 있다. 물류를 넘어 주문과 배송, 오프라인 매장 영역까지 무한 확장하고 있다. 아마존이 만드는 기계 제국은 인간을 배제한다. 그리고 이 흐름은 단지 아마존에서만 벌어지는 일이 아니다. 빠르고 정확한 서비스를 지향하는 대부분의 산업은 '딥러닝'이라는 신기술을 장착한 인공지능으로 인간 노동을 빠르게 대체하려 하고 있다. 그 거대한 파도 속에서 아마존은 하나의 상징이다.

기계화와
직업의 소멸

그러고 보면, 아마존은 태생부터 기존의 산업을 파괴하며 등장했다. 인터넷조차 생소했던 1995년, 아마존은 인터넷서점으로 사업을 시작해 판매 서비스 직군을 위협했다. 첫 번째 인간 배제 시도였다. 이제는 미국 온라인 소매 시장의 절반을 차지하며 세계 최대의 온라인 쇼핑몰로 자리 잡았다.

온라인 주문 시대를 연 아마존은 2007년, 전자책 '킨들'을 내놓았다. 종이책의 출판과 유통 단계에서 인간의 노동을 대체했다. 이뿐만이 아니다. 최근 아마존은 셀프 출판 시스템인 '킨들 다이렉트 퍼블리싱'을 내놓으며 출판산업 종사자들을 떨게하고 있다. 세계에서 흥행한 『그레이의 50가지 그림자』나 『마션』 등이 바로 셀프 출판으로 세상에 나온 작품이다.

아마존의 실험은 이제 더욱 확장되고 있다. 2016년 말, 아마존은 딥러닝을 활용해 계산대 없는 매장, '아마존 고'를 선보였다. 고객이 매장에 들어가 상품을 제 가방에 담으면, 상품의 모양과 가격 등을 학습한 인공지능이 정확히 인식해 고객의 인터넷 계좌에서 자동으로 결제한다.

아마존이 개발한 음성인식 인공지능 비서인 '에코'와 '에코닷'은 목소리를 듣고 아마존에 상품을 주문할 수 있다. "알렉

노동

사(인공지능 프로그램을 부르는 이름), 에코닷 하나 더 구입해"라고 말하면, 곧바로 전자결제가 이루어져 짧은 시간 안에 현관 앞까지 배송이 되는 식이다. 아마존의 제프 윌키 소비자 부문 대표는 "2016년 아마존에서 가장 잘 팔린 상품은 에코와 에코닷이었다. 알렉사를 통해 수천만 명의 새로운 고객이 추가로 유입될 것으로 기대된다"고 밝혔다.

배송에서도 기계화가 빠르게 진행되고 있다. 2016년 아마존은 영국에서 드론 배송에 처음 성공했고, 아마존의 특허를 보면 자율주행차를 활용한 배송도 적극적으로 고려하고 있는 것으로 보인다. 아마존은 비행선 등을 이용해 공중에 대형 창고를 띄우고, 드론을 이용해 상품을 배달하는 시스템을 고안해 특허를 내기도 했다.

아마존 제국의 융성은 직업의 소멸로 이어진다. 상품 판매의 상당 부분이 오프라인에서 온라인으로 향하면서 오프라인 매장 직원들이 줄어든다. 아마존은 미국 온라인 판매의 40퍼센트(2016년 크리스마스 휴가 시즌)를 차지했다. 미국의 경제전문매체인 『마켓워치』는 2017년 2월 20일 기사에서 "100달러어치의 상품을 판매하는 데 아마존은 메이시(미국의 유명 백화점)에서 필요한 점원의 절반 정도만 필요하다. 메이시가 판매원들과 계산원 등을 필요로 한다면, 아마존은 창고에서 아이템을 고르고 나르는 '피커pickers'를 고용한다. 이 피커들마저도 기계화의 아마존은 배송에서 기계화를 완성했다. 드론으로 배송을 하기도 하고 자율주행차를 활용한 배송도 적극적으로 추진하고 있다. 아마존의 프라임에어.

위협을 받고 있다"고 지적했다.

미국 일간지인 『USA투데이』는 2017년 2월 13일 "아마존이 2018년 중반까지 10만 명의 정규직을 채용할 것이라고 밝혔고 현재 세계적으로 비정규직 포함 30만 6,800명을 고용하고 있지만, 대부분은 물류센터에서 일하는 저임금 노동자일 것"이라고 비판했다. 2012년 이후 미국에서 백화점 고용은 14퍼센트(25만 명) 감소했다. 아마존은 물류창고에서 더 많은 일을 로봇에 맡기게 될 것이다.

미국의 비영리 연구기관인 지역자립연구소Institute for Local Self-Reliance가 2016년 11월 발표한 보고서 '아마존의 목조르기http://ilsr.org/amazon-stranglehold/'는 "미국에서 아마존이 임시직·파트타임 등을 모두 포함해 14만 5,800명을 고용하고 있지만, 오프라인 소매 매장에서 아마존에 의해 직업을 잃은 사람이 29만 4,574명에 달했다"며 "2015년 말 기준, 아마존에 의한 직업의 순손실이 14만 8,774명에 이른다"고 밝혔다.

『마켓워치』는 이와 관련해 "아마존에 의한 직업 순손실은 200만 명의 직업을 잃게 한 중국의 제조업 수출보다도 규모가 크다. 심지어 일부 지역에 집중되어 제한적인 파장을 일으킨 제조업에 견줘 소매업은 모든 도시와 작은 마을에까지 퍼져 있어 충격이 훨씬 더 클 것"이라고 지적했다.

아디다스의 사례는 기계화가 외국의 저임금 노동자보다

파괴력이 클 것이란 점을 간접적으로 보여준다. 1993년 인건비를 아끼기 위해 해외로 모든 생산공장을 옮겼던 아디다스가 23년 만인 2016년 9월 독일로 되돌아가 공장을 세웠다. 하지만 이 귀환은 독일인들의 고용에는 별다른 도움이 되지 못한다. 애초에 비싼 임금을 주어야 하는 독일인을 고용할 생각이었다면 돌아가지도 않았을 것이다. 아디다스의 새 공장은 3D프린터 등을 위시로 한 로봇 시스템으로 '스마트 공장'이다. 기계가 외국의 저임금 노동자보다도 효율적이란 뜻이다.

로봇에
세금을 물리자

아마존은 '기계화＝직업의 종말'이란 등식을 보여주는 대표적인 사례 중 하나일 뿐이다. 자율주행차가 등장해 인간 운전수들을 내몰고, IBM의 인공지능 '왓슨'은 의사와 약사마저도 대체하려 하고 있다. 다른 나라에서만 벌어지는 이야기가 아니다.

　　한국 역시 같은 방향으로 나아가고 있다. 일례로 메모리 반도체 초호황으로 국내 대기업 일부는 축배를 들고 있지만, 그 성과를 분배해주는 '낙수 효과'는 미미하다. 삼성전자와 SK하이닉스는 각각 경기 평택시와 충북 청주시에 3D 낸드플래시

공장을 증설하고 있지만, 생산라인 대부분이 자동화되어 있어 고용에 별다른 영향을 주지 않기 때문이다. 국내 금융권에 도입되고 있는 상담 기능을 가진 인공지능 '챗봇(고객과 채팅하는 로봇)'은 콜센터를 대체할 것으로 예상된다. 은행권에서는 "연간 수백억 원이 소요되는 콜센터 유지·운영비가 인건비를 중심으로 크게 절감될 것"이라고 공공연히 밝히고 있다.

이런 맥락으로 시티은행 역시 한국의 지점 4개 중 3개를 줄이기로 했다. 이마트 등의 대형 유통사업자들은 온라인 쇼핑 확대에 나선 지 오래다. 이미 한국에서도 제조업과 서비스업 등 전 분야에서 자동화·기계화가 이루어지며 고용이 크게 줄어들고 있는 셈이다. 우리는 이미 기계화가 지배하는 시대에 살고 있다. 우리의 노동이 설 자리는 점점 비좁아지고 있다.

기계화가 변하지 않는 '상수'라면, 우리는 어떻게 대응해야 하는가? 기계가 노동을 대체하게 된다면 자연스럽게 기계를 가진 자와 갖지 못한 자로 나뉠 수밖에 없다. 여기서 기계를 가진 자는 자본가다. 자본가와 노동자 간의 양극화가 이미 심각하게 진행되고 있는 현대사회에서 기계화는 이 속도를 좀더 빠르게 진행시킬 것이다. 이런 상황은 자연스럽게 일자리 문제와 양극화와 같은 사회경제적·정치적 파장을 일으킬 수밖에 없다. 아마존의 사례에서 보았듯이 혁신은 기계화를 통한 효율로 이어지고 노동의 빈자리는 커지기 때문이다.

이런 환경에서는 정부의 역할이 커져야만 한다. 그리고 정부는 혁신을 통해 돈을 벌어들이는 기업들에 대해 세금이란 수단을 쓸 수밖에 없을 것이라고 생각한다. 그 논의 속에서 나온 주장이 바로 로봇이나 테크놀로지에 대해 세금을 매기는 '로봇세'다. 다만 이 로봇세에는 뚜렷한 한계가 있다. 로봇세에서 말하는 '로봇'의 정의가 무엇인지 경계가 너무나도 모호하기 때문이다. 예컨대 아마존의 사례에서 볼 때 인터넷을 로봇이라 정의할 수 있는가? 경영 혁신 사례가 등장할 경우 그런 것은 기계화와 어떻게 다른가? 모호한 부분이 너무나도 많다. 그런 점에서 보면, 기존의 세금 체계를 그대로 이용하되 좀더 강화하는 방식으로 재분배를 시도하게 될 수밖에 없을 것 같다.

세금 문제가 해결된 뒤에는 '어떻게 돈을 쓸 것인가'와 같은 질문이 생긴다. 나는 누구에게나 기본적인 삶을 꾸려나갈 수 있게 해주는 '기본소득'의 형태를 주장한다. 기본소득이란 재산이나 직업, 노동 여부와 상관없이 모든 국민이 무조건 받을 수 있는 소득을 의미한다. 직업이 존재하지 않는 시대, 우리가 모두와 함께 살아가려면 기본소득은 피할 수 없는 과제다. 기본소득은 미래의 '뉴딜정책'이라고 해도 과언이 아니다. 정부는 분배를 위해 정부 재정을 민간에 투입하는 각종 재정사업을 벌여오고 있지만, 그 돈은 또 다시 특정 기업을 향해서만 흐르는 경향이 짙어지고 있다. 이런 상황에서 개개인의 소득은 줄어들 수밖에 없으며, 소비 능력 역시 떨어지게 되는 것은 당연한 일이다. 오히려 직접적으로 모든 이에게 돈을 쥐어주는 편이 재분배와 저성장 극복에 더 낫지 않을까?

좀더 먼 미래, 노동이 종말하는 시대는 너무나도 두려운 것이 사실이다. 하지만, 기본소득 체계가 제대로 갖추어진다고만 한다면 완전히 다른 상황이 펼쳐질 수도 있다. 먹고살기 위해 괴롭지만 육체를 처절하게 쥐어짜야만 했던 노동이 사라지면, 우리는 그 빈자리에 무엇을 대체할 수 있을 것인가? 그 상상을 어떻게 하고, 어떻게 만들어가느냐에 따라 우리의 미래는 달라질 것이다.

의사

닥터 인공지능 시대

인공지능,
결핵을 판정하다

의료영상을 판독하는 컴퓨터 인공지능 기술을 가지고 있는 국
내 유망 스타트업 기업, 루닛은 엑스레이 영상으로 결핵을 진단
하는 프로그램을 개발했다. '딥러닝'이라는 인공지능 기술은
97퍼센트 이상의 높은 정확도로 결핵을 진단할 수 있게 도와준
다. 인간 의사와 달리 지치지도, 감정에 휘둘리지도 않는다. 서

울시 강남구 역삼동 명우빌딩 7층에 있는 루닛의 사무실을 찾아갔다. 최근 루닛은 엑스레이 영상을 바탕으로 결핵 여부를 판독하는 '딥러닝' 기술을 개발해 소프트뱅크벤처스라는 투자업체에서 20억 원의 투자를 받는 등 가능성을 인정 받으며 관련 업계의 주목을 받고 있다.

이곳을 찾은 이유는, 루닛의 영상 판독 기술 수준을 직접 눈으로 확인해보고 싶었기 때문이다. 루닛 쪽에서는 가정의학과 전문의인 서범석 의료 담당 이사가 백승욱 대표와 함께 나와 시연을 벌였다. 루닛 인공지능의 정확도를 평가하기 위해 썼던 데이터인 미국 국립보건원NIH의 결핵 관련 영상 478장 중 무작위로 골라 컴퓨터에 입력해 결핵을 진단해보고, 루닛의 의사가 평가하는 식으로 진행했다.

미국 국립보건원의 영상에는 파일 이름을 통해 결핵 여부만 알 수 있을 뿐, 병변의 위치는 나타나 있지 않아 결핵 전문의가 표시한 병변의 위치를 참고했다. 컴퓨터는 영상을 본 뒤 결핵 가능성을 퍼센트로 알려주는 동시에 병변의 위치와 '히트맵' 형태로 영상 위에 표시해준다. 히트맵은 심각할수록 빨간색, 심각하지 않으면 파란색으로 표시된다.

일단 500번이란 번호가 붙은 영상을 컴퓨터에 입력해보았다. 루닛 프로그램의 프로세싱 바가 움직였다. 1~2초 정도 걸렸다. 컴퓨터는 '비정상 점수abnormality score'로 결핵 가능성을 표시한다. 이 영상의 비정상 점수는 100퍼센트였다. 영상 위에 병변의 위치도 표시되었다. 결핵 전문의가 표시한 병변 위치와도 일치했다. 서범석 이사가 설명했다. "영상에 이 정도까지 나타날 정도면 증상이 확실히 나타나고 있을 것 같아요. 열이 펄펄 나고 치료도 오래 받아야 하는 상태예요."

이런 식으로 수차례 진행해보니 컴퓨터의 진단 결과는 500번 영상에서처럼 결핵 전문의의 진단 결과와 대부분 일치했다. 이런 일이 가능한 것은 이세돌을 꺾은 알파고에서 보았듯 인공신경망 기술의 진화한 한 형태인 '딥러닝' 기술 덕이다. 컴퓨터는 입력된 이미지를 사람 눈에 보이지 않는 내부의 함수(은닉층)에 통과시켜 특징을 찾아내고, 그 과정을 반복해 일반화하는 작업을 벌이게 된다. 이 은닉층이 많으면 많을수록 '깊다(딥 deep)'고 표현한다. 루닛의 기술은 은닉층을 20~30층 쌓았다는 점에서 '딥러닝'이라 부른다.

루닛은 또 '약지도weakly supervised 학습' 방식을 썼다. 학습할 때 영상마다 결핵인지 아닌지만 알려주었다는 점에서 '지도supervised 학습'의 측면이 있지만, 병변의 위치는 알려주지 않은 채 이상한 부분이 있으면 스스로 특징을 찾아 분류하는 '비지도unsupervised 학습'이 가미되어 '약지도'란 표현을 쓴다.

루닛은 이런 방식으로, 대한결핵협회가 제공한 1만 장의 영상을 바탕으로 컴퓨터를 학습시켰고, 결핵 여부를 파악할 수

의사 ----------------------------

있는 미국 국립보건원 데이터로 검증했다. 검증 결과는 놀라웠다. 결핵 여부를 확인하는 능력을 산술적으로 따져보니 정확도가 92.7퍼센트에 달했다. 정확도를 평가하는 또 다른 중요한 통계인 곡선화면적AUC은 97.6퍼센트 수준으로 평가되었다.

백승욱 대표는 "이 결과는 결핵 환자의 영상만으로 학습시킨 것이지만, 폐암과 폐렴 등 모든 폐 관련 질환에 대해서도 진단할 수 있도록 별도 연구도 진행 중이다. 또 유방암 선별 검사에 쓰는 유방 촬영술 영상에 대한 연구도 좋은 성과가 나오고 있다"고 말했다. 이와 관련해 루닛은 서울의 7개 대형병원과 공동연구를 진행 중이다.

컴퓨터는 영상 판독과 같은 '숨은그림찾기' 같은 분야에서는 인간보다 뛰어난 능력을 발휘할 가능성이 높다. 그런 점에서 "대략 30세 정도면 몸이 더이상 성장하지 않을 텐데, 그러면 5년마다 같은 위치에서 사진을 찍고 컴퓨터에 입력하면, 달라진 부분을 찾는 일은 정말 잘할 것 같다"고 전망된다. 이에 대해 서범석 이사는 "그런 쪽으로도 개발을 진행하려고 한다. 특히 암 환자는 병원에서 항암제 투여 이후의 반응을 영상으로 확인해 수치화해서 알 수 있다면 큰 도움이 될 수 있다"고 설명했다. 내가 지켜보는 가운데 이루어진 시연에서 루닛의 컴퓨터는 수많은 영상에 대해 전문의와 비슷한 결론을 내렸다.

환자의
생명을 살린 왓슨

하지만 328번 영상에 대해서는 달랐다. 결핵 전문의는 이 영상에 병변의 위치를 표시하지 않았다. 결핵이 아니라고 판정한 것이다. 서범석 이사 역시 병변을 찾아내지 못했다. 진단 실패다. 이 영상은 미국 국립보건원이 결핵 환자의 것이라고 제시한 것이다.

반면, 루닛의 컴퓨터는 이 영상을 본 뒤 결핵 가능성을 33.66퍼센트로 제시했다. 컴퓨터가 내놓은 영상에는 왼쪽 쇄골 위쪽에 약한 수준의 병변 표시가 나타나 있었다. 서범석 이사는 컴퓨터가 표시한 병변의 위치를 참고한 뒤 다시 영상을 꼼꼼히 살펴보았다.

"다시 보니 뼈(쇄골)가 이렇게 쭉 이어져 오는데, 다른 음영이 나타나는 걸 찾을 수 있네요. 뭔가 결절이 있는 것 같습니다. 구조상 뼈에 가려져 있어서 쉽게 놓칠 수 있는 병변이네요."

인간은 실수를 한다. 2013년 발표된 논문 「외래환자 치료에서 나타나는 진단 에러 빈도」를 보면, 인간 의사의 진단 오류는 5.08퍼센트에 달했다. 이는 미국에서 매년 1,200만 명의 성인이 잘못된 진단을 받을 수 있다는 의미다.

인공지능 의사의 장점은 많다. 컴퓨터는 인간 의사들보다 훨씬 더 많은 정보를 받아들일 수 있다. 또 모든 결정에 근거가 있고, 인지편향과 같은 오류를 일으키지 않는다. 무엇보다 일관성이 있다. 술 먹고 뻗지도 않으며, 화가 나 있거나, 이혼을 한 것과 같은 최악의 상황에 직면할 일도 없다. 결코 감정에 휘둘리지 않는다. 인공지능 의사를 처음 만들 때 비용은 크겠지만, 일단 만들어두고 진단을 하기 시작하면 복제를 위한 한계비용은 0에 가깝다.

세계 어디에서나 어느 시간이든 기꺼이 전화를 받을 수 있다는 점도 큰 장점이다. 컴퓨터 진단 의사는 곧 만나게 될 가능성이 높다. 2011년 미국의 텔레비전 퀴즈쇼 '제퍼디Jeopardy'에서 우승하며 화제를 일으켰던 IBM의 '왓슨'은 이미 미국의 유명한 암 치료기관인 엠디앤더슨 병원에서 암 진단과 치료법을 제시하고 있다. 왓슨의 진단 정확도는 96퍼센트 수준에 이르는 것으로 알려져 있다.

퀴즈쇼를 통해 인간의 말(자연어)을 그대로 이해하는 능력을 갖춘 왓슨은 이제 가설을 세워 검증하고 배우는 단계에 와 있다. 내과의가 증상과 이외의 연관 인자들을 입력하면 왓슨은 이 정보들 가운데 핵심 요소를 찾아내고 가족력에 관련 요인이 있는지 데이터를 찾아본다. 왓슨은 이렇게 모인 모든 정보와 병원에서 테스트한 결과를 조합해 가설을 확인하고, 진단을 내리게 된다.

인공지능 의사는 술 먹고 뻗지도 않으며, 화가 나 있거나, 최악의 상황에 직면할 일도 없다. 결코 감정에 휘둘리지 않는다.

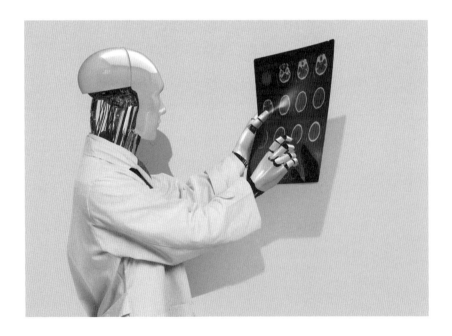

이 방식으로 왓슨은 일본에서 한 환자의 생명을 구해내기도 했다. NHK의 보도에 따르면, 일본 도쿄대학 의과학연구소는 왓슨에게 논문을 학습하도록 한 뒤, 급성골수성백혈병으로 진단받은 60대 환자의 유전자 데이터를 분석하도록 했다. NHK에 따르면, 10여 분 동안의 분석을 마친 왓슨은 이 여성의 병이 '2차성 백혈병'이라는 또 다른 질환에 가깝다며 기존에 투여하던 항암제를 변경할 것을 제시했고, 목숨을 구할 수 있었다. 일본 인공지능학회장 야마다 세이지 국립정보학연구소 교수는 "인공지능이 사람의 목숨을 구한 것은 국내 첫 사례"라고 말했다.

의사는
사라질까?

인공지능이 인간을 뛰어넘지 못하더라도, 의사를 돕는 중요한 도구로 활용될 수 있을 것이란 점은 의심할 여지가 없는 것 같다. 영화 〈아이언맨〉에서 주인공 과학자를 돕는 인공지능 컴퓨터 '자비스'처럼 말이다. 서범석 이사는 "영상 판독은 의사 혼자서 할 경우 실수가 생길 수 있어 '세컨드 리더'라 부르는 또 다른 의사와 함께 판독할 때 최고의 성과를 낼 수 있다. 루닛의 기술이 그런 일을 하길 기대하고 있다"고 말했다.

인공지능 영상 판독 기술이 발전할수록 1차 진단의 영역에서 영상의학 전문의의 역할은 축소될 수밖에 없다. 정확도를 높이기 위해 영상의학 전문의 2명이 해야 할 일을 컴퓨터와 함께 혼자서 하기만 해도 그만큼 인간 의사에 대한 수요는 줄어들게 된다. 의사 중에서도 가장 인기가 높은 영상의학 분야는 컴퓨터가 등장하면서 아이러니하게도 가장 손쉽게 대체될 가능성이 높은 직업군이 되었다.

『제2의 기계시대』의 공동 저자인 매사추세츠공과대학 앤드루 맥아피 교수는 2014년 3월 미국의 IT 전문매체인 『지디넷』과의 인터뷰에서 "아직은 아니지만, 인공지능이 곧 세계 최고의 진단의가 될 것이라 확신한다"고 밝혔다.

인공지능의 발전과 직업의 종말에 관한 『로봇의 부상』의 저자 마틴 포드도 2011년 미국의 『워싱턴포스트』에 기고한 칼럼에서 비슷한 취지의 의견을 내놨다. 그는 "의학전문대학원(메디컬스쿨)을 가지 않은 저임금 의료 전문직이 생겨서 일차적으로 환자에게 증상을 듣고, 컴퓨터 시스템에 입력하는 일을 하게 될 것"이라고 전망했다.

다만 '직업의 종말'에 이르기까지는 많은 시간이 흐르지 않고서는 불가능할 것으로 보인다. 일단 기술적 장벽을 넘어서야 하고, 그 이후에도 각종 법적 · 제도적 · 윤리적 문제를 모두 극복해야 한다. 사람들은 인간 의사의 실수보다도 컴퓨터의 실수에 대해 극히 민감하게 반응한다. 2016년 5월 테슬라의 자율주행차가 사망사고를 낸 데 대한 반응이 대표적인 사례다. "인공지능이 진단에 실패할 경우 우리 사회가 어느 수준으로 용인할 수 있을지가 중요한 고비가 될 것"이기 때문이다.

인공지능은 아직 완전하지 않다. 루닛의 인공지능은 대한결핵협회 전문의가 '양성'으로 판정한 472번 영상에 대해 사실상 '음성' 판정을 내렸다. 인공지능은 결핵 가능성을 3.1퍼센트로 표시했다. 물론 전체적인 정확도를 고려하면 이런 일은 확률상 나타나기 어려운 일이다. 하지만 이런 일은 분명 벌어질 수 있고, 사회적 압박에 직면할 수 있다.

앞서 인간 의사가 실수한 328번 영상 역시, 거꾸로 보면 컴퓨터의 본질적인 한계를 보여주는 사례이기도 하다. 30퍼센트대 초반의 확률로 진단을 내린 이 결과를 어떻게 해석할 것인가? 전문지식을 가진 의사가 해석을 내리고, 다음 단계에 무엇을 해야 할지에 대한 가이드를 제시하지 않으면 안 된다.

오히려 가까운 미래에는 직업의 종말보다는 격차 문제가 더 중요한 쟁점으로 떠오를 수도 있다. 한국과학기술원KAIST 유신 교수(전산학)는 "(루닛과 같은 영상 판독 컴퓨터) 기술을 쓸 수 있는 병원(의사)과 그렇지 못한 병원 간의 격차 문제가 생길 수도 있을 것"이라고 말했다. 당장은 컴퓨터를 어떻게 활용하느

나에 따라 순기능이 더 커 보이는 측면도 있다. 대한결핵협회 결핵연구원 김희진 원장은 루닛 프로그램의 긍정적 측면에 대해 이렇게 설명했다.

"결핵 검진사업을 한다고 할 때 검진버스 안에서 엑스레이를 찍는 순간 의심 환자가 분류되고, 곧바로 객담(가래)을 받는 시스템을 만든다고 생각해보세요. 지금은 검진버스에서 엑스레이를 찍고, 시간을 기다려 판독 결과가 나오면 의심환자를 불러 객담을 수집하게 되는데 그런 불편함이 사라지게 되겠지요."

아울러 컴퓨터는 의료진이 거의 없는 저개발국에서도 손쉽게 진단을 내리는 중요한 도구로 활용될 수 있다.

의사

소설

소설 쓰는 인공지능

'컴퓨터가
소설을 쓴 날'

2016년 3월 등장한 알파고는 한국 사회를 충격에 빠뜨렸다. 무한의 선택지가 있는 전략 게임인 바둑에서, 인공지능은 인간의 '통찰'을 능가할 수 없다는 정설을 무참히 깨뜨렸기 때문이다. 천재 바둑기사로 불렸던 이세돌은 알파고에 4대 1로 패했다. 이 충격이 한국 사회를 휩쓸던 바로 그때 일본에서 들려온 소식은 더욱 충격적이었다. 인공지능이 쓴 소설이 일본의 문학상 예심을 통과했다는 것이다.

당시 인공지능이 쓴 소설이 일본의 '호시 신이치상'이란 문학상에서 1차 심사를 통과했다. 4차 심사 뒤 발표된 최종 당선작에는 포함되지 않았다. 하지만 1,450편의 소설 중 1차 심사를 통과했다는 사실만으로도 충분히 놀랄 만했다. 아무리 '알파고'의 시대가 되어도 '인간의 영역'으로 남을 것이라 여겨진 소설마저도 인공지능으로 대체될 수 있다는 신호로 받아들여지며 충격을 안긴 것이다. 언젠간 그런 일이 있을 것이라 예상했던 사람들 역시 이렇게 일찍 다가온 미래에 대해 놀랄 수밖에 없었다. 인공지능이 소설을 쓸 수 있다는 말은 모든 직업이 전부 사라질 수 있다는 의미다. 인공지능의 시대, 인간이 설 자리는 도대체 어디인가? 나는 그 궁금증을 해결해보기 위해 이 프로그램을 만든 나고야대학 사토 사토시 교수를 만났다.

사토 사토시 교수는 공립 하코다테미래대학의 마쓰바라 히토시 교수가 주도한 인공지능의 신이치상 도전 프로젝트에 참여했다. 그는 "이번에 신이치상에 출품한 작품 중 11개 작품이 컴퓨터와 관련이 있는 것으로 알고 있다. 그중 4개 작품은 누가 썼는지 알고 있고, 2개 작품이 우리 팀에서 낸 것이다. 하나는 내가, 또 하나는 제자가 제출했다"고 설명했다. 나머지 2개 작품은 'AI울프'란 팀에서 제출했다.

소설_____

이 문학상의 주최 쪽에서는 1차 예심을 통과한 작품이 무엇인지 공식적으로 확인해주지 않고 있다. 사토 사토시 교수 역시 "내 작품이 통과했는지는 모른다"고 답했지만, 일본 언론들은 통과 작품이 아마도 사토 사토시 교수팀의 작품인 '컴퓨터가 소설을 쓴 날'일 것으로 보고 있다.

우선, 어떤 방식으로 인공지능이 소설을 쓸 수 있었는지 묻는 데 질문의 초점을 맞추었다. 사토 사토시 교수는 인공지능이란 표현은 쓰지 않았다. 단지 "프로그램이 소설을 썼다"고 말했다. 프로그램이 하는 일은 사용자가 몇 가지 설정에 따라 "언제, 어떤 날씨에, 무엇을 하고 있다"는 등의 요소를 포함하도록 지시하면 적절한 단어들을 무작위로 골라내 어울리는 형태로 문법에 맞춰 적절히 연결해주는 일이다http://kotoba.nuee.nagoya-u.ac.jp/sc/gw/. 사토 사토시 교수는 이를 위해 모든 일의 토대가 되는 기본 소설의 내용과 흐름을 포함해 주어에 해당하는 단어, 목적어에 해당하는 수많은 단어를 모두 꼼꼼하게 미리 작성해 이 프로그램 안에 넣어두어야 했다.

프로그램을 실행시키면 이야기가 무작위로 만들어진다. 예컨대 프로그램이 '바람이 강한 날씨'를 선택하게 되면, 그것에 맞춰 다음 글도 '창문을 모두 닫은 방' 등의 내용이 나오도록 자연스럽게 문맥을 조정한다. 이를 반복해 의미를 갖는 긴 문장을 만들어내는 방식이다. 사토 사토시 교수는 "기본적으로는 주식 시황이나 스포츠 기사를 쓰는 프로그램과 같다"고 설명했다.

"엄밀한 의미의
인공지능은 아니다"

신이치상에 소설을 출품하는 프로젝트의 총책임자는 마쓰바라 히토시 교수였다. 그는 2016년 3월 21일 열린 호시 신이치상 응모 보고회에서 사토 사토시 교수를 포함한 프로젝트팀들의 작업에 대해 "인간이 80퍼센트, 컴퓨터가 20퍼센트 정도의 일을 한 것"이라며 "앞으로 인간의 개입을 줄여나가겠다"고 밝힌 바 있다. 하지만 이 표현에 대해 사토 사토시 교수는 "제가 한 말이 아니다"라며 그 표현에 대해 생각해볼 필요가 있다고 강조했다.

그는 여러 형태로 조립이 가능한 레고에 견줘 설명하기 시작했다. "예를 들어 누군가가 레고로 매뉴얼에 나온 그대로 집을 만들었다고 합시다. 그러면 그 집을 누가 만든 거죠? 매뉴얼이 만든 건가요, 아니면 매뉴얼을 만든 사람이 만든 건가요? 저희는 단어 하나하나를 어떻게 연결할 것인지에 대한 매뉴얼을 만든 겁니다."

그는 "그런 점에서 컴퓨터가 일한 부분이 10~20퍼센트 정도라면 그렇게 말할 수도 있고, 100퍼센트 컴퓨터가 썼다고 말해도 상관은 없다. 또 그 프로그램은 전부 인간이 만든 것이니 컴퓨터가 아니라 전부 인간이 쓴 소설이라고 해도 그 표현이 맞다고 생각한다"고 말했다. 인간이 쓴 소설을 기반으로 인간이 설정해둔 단어 범위 안에서 변주가 일어난다면, 시각에 따라 이 소설은 '인간이 쓴 것'으로 볼 수도 있다는 설명이었다.

이 프로그램의 작동 방식과 사토 사토시 교수의 설명을 듣고 나면, '이게 과연 인공지능일까'라는 의구심이 들 수밖에 없다. 이에 대해 한국과학기술연구원KIST 김찬수 연구원은 "엄밀한 의미의 인공지능은 학습learning과 진화evolution라는 개념이 포함되어 있어야 한다. 그런 엄밀한 정의에 따른다면, 사토 사토시 교수의 프로그램이 인공지능이라 부르기는 어려울 것 같다"고 말했다.

여기서 말하는 학습과 진화란 컴퓨터 프로그램이 작동하는 과정에서 인간의 개입 없이 업데이트가 되고, 그에 따라 더 나은 결과물을 도출해내는 것을 뜻한다. 인공지능 교과서로 유명한 스튜어트 러셀의 『인공지능: 모던 어프로치』http://aima.cs.berkeley.edu/ 역시 인공지능을 학습learning과 문제해결problem solving 같은 기능을 수행하는 기계로 보고 있다.

일본 도쿄대학 마쓰오 유타카 교수는 『인공지능과 딥러닝』에서 좀더 현명하게 행동하기 위한 진화적 의미가 담겨 있

사토 사토시 교수팀이 개발한 소설 쓰기 프로그램을 실행해 무작위로 에피소드 4개를 만들었다. 소설에서 따로 표시한 부분처럼 매번 똑같이 등장하는 단어가 있는 반면 등장인물과 날씨, 간단한 내용 등이 변화하는 것을 볼 수 있다.

는 것을 인공지능으로 정의하며 세간에서 통용되고 있는 인공지능이란 용어의 수준을 4단계로 분류했다.

레벨1은 그저 마케팅 차원에서 인공지능이라는 이름을 붙인 제어 프로그램이고, 레벨2는 입력과 출력을 맺는 방법이 세련되어 입력과 출력의 조합 수가 극단적으로 많은 경우다. 레벨3은 기계학습을 받아들인 인공지능, 레벨4는 딥러닝을 도입한 인공지능을 의미한다. 마쓰오 유타카 교수는 "최근의 인공지능은 레벨3을 일컫는 경우가 많다"고 설명했다. 사토 사토시 교수의 프로그램은 레벨1과 레벨2 사이에 있는 기술로 여겨진다.

이런 논의를 토대로 보면 아직 이 프로그램은 우리가 생각하는, 창의적 영역에는 도달하지 않은 것 같다. 최초에 사토 사토시 교수가 직접 쓴 글 자체가 문학상을 통과할 정도로 문학적으로 뛰어났던 것이라고도 볼 수 있다. "당신의 글 자체가 좋았군요"라는 질문에 사토 사토시 교수는 "물론 그렇게 생각할 수도 있다"고 답했다. 그렇다고 이 소설 쓰는 프로그램의 가치를 폄하할 필요는 없다. 정형화된 문장을 가진 기사보다 훨씬 더 "자유도가 높은" 소설이란 영역으로 문장 쓰는 기술을 확장했기 때문이다.

문제는 이 연구 결과에 뒤따른 호들갑스러운 반응이었다. 뉴스를 접한 사람들은 인공지능이 소설이라는 가장 창의적이면서도 인간밖에 할 수 없는 영역을 침범했다며 놀라거나 기대하거나 좌절했다. 인공지능과 같은 미래 기술에 대해 외신들은 짧게 '인공지능이 문학상 예심을 통과했다'는 메시지만 전달했고, 국내 언론들 역시 그 내용을 그대로 받아들여 확대 재생산했다. 이런 과정이 인공지능에 대한 최근의 열풍에 녹아들며 과장된 평가로 이어지게 된 것이다. 하지만 이 프로그램의 실체는 우리가 호들갑을 떨며 마음대로 펼쳐낸 상상과는 달랐다. 소설 쓰는 인공지능이 나오려면 아직, 조금 더 시간이 필요해 보인다.

소설 머신러닝은 가능한가?

요즘 인공지능 분야에서 가장 유망하다고 꼽히는 기술은 머신러닝(기계학습)의 일종인 딥러닝이다. 수많은 데이터를 통해 학습을 하면서 스스로 특징을 발견해 분류하고, 이를 바탕으로 원하는 결과물을 만들어낼 수 있는 시스템이다. 하지만 사토 사토시 교수는 그 기술을 쓰지 않았다. 소설은 머신러닝이라는 기법 자체를 적용할 수 없는 분야라고 보았기 때문이다.

"머신러닝은 바둑을 둘 때처럼 '어떻게 두는 것이 이기기 위한 최선의 수인가'라는 질문에 대한 정답이 있을 때 적용할 수 있어요. 그런데 소설은 '답이 없는 영역'입니다. 두 소설이 있을 때 어느 소설이 더 좋은지 알 수 없어요. 평가를 할 수 없습니다. 그러니 머신러닝 기법을 쓸 수 없습니다."

머신러닝이 불가능하다는 판단을 한 사토 사토시 교수의 관점에 따르면 소설은 기계가 범접할 수 없는 분야다. 일단 기계는 소설을 인식할 수 없다. 또 인식 기술이 개발된다 하더라도, 소설을 읽는 사람마다 같은 소설에 대해 서로 다른 평가를 내릴 수도 있다. 이런 점이 바로 사토 사토시 교수가 레벨3의 인공지능 기술이 아닌, 레벨1에 가까운 문장 제어 프로그램 개발 쪽으로 방향을 잡은 이유다.

하지만 소설 쓰는 데에도 머신러닝을 적용할 수 있다고 보는 시각도 있다. 소설마다 기-승-전-결, 서론-본론-결론 등의 문장 구조와 함께 여러 개의 서사에 기쁘거나 슬픈 내용, 권선징악에 대한 내용이란 꼬리표를 모두 붙여주면 기계가 소설을 인식하는 일도 가능하다. 빅데이터를 바탕으로 머신러닝을 하고 딥러닝 기법으로 추상화를 한다면 원하는 주제의 새로운 소설을 쓰는 일은 현재의 기술로 얼마든지 시도해볼 수 있는 일이다.

실제로 최근에는 인공지능이 대본을 쓴 영화가 처음으로 등장하기도 했다. 이 영화 〈선스프링Sunspring〉 https://www.youtube.com/watch?v=LY7x2Ihqjmc의 대본https://www.docdroid.net/lCZ2fPA/sunspring-final.pdf.html을 쓴 인공지능 벤저민은 문장 인식에 자주 쓰는 일종의 머신러닝 기법인 인공신경망 방식을 이용해

1980~1990년대 공상과학영화 대본 수십 개를 학습한 뒤 문장을 만들었다. 벤저민은 문장을 단어 단위로 분해한 뒤 학습을 했고, 여기서 얻은 경향성을 바탕으로 특정 단어 뒤에 나올 만한 단어나 문구 등을 연결해나가는 식으로 문장을 만들었다. 다만 이 대본에서 배우의 행동을 묘사한 지문 중에는 "그는 별들 속에 서 있었고 바닥에 앉아 있었다He is standing in the stars and sitting on the floor"와 같이 말이 되지 않는 문장이 나온다.

물론 기계가 특정 주제에 대한 문장을 쓰게 된다고 해도, 그 글은 의도했던 것과 다르게 읽힐 수도 있다. 하지만 이런 점은 전혀 문제가 되지 않는다. 1957년 콩고라는 이름의 침팬지가 그린 그림에 대한 평가가 대표적이다. 동물행동학자인 프란스 더발은 『원숭이와 초밥 요리사』에서 "유인원의 작품을 인간이 그린 것으로 믿었던 전문가들은 작품을 진지하게 비평하고 때로는 절찬하기도 했다"고 설명했다.

인공지능은 창의적일 수 있을까?

그렇다면 인공지능이 쓰는 글은 창의적이란 평가를 받을 수 있을까? 이런 궁금증을 품고 소설가 김영하를 만났다. 그의 답변은 이랬다.

"수용자들이 받아들일 때 '어, 이거 정말 좋은데. 진짜 새로워'라고 느끼는 것은 작가의 의지를 받아들여서 그런 게 아니에요. 굉장히 진부한 걸 쓰려고 했는데도 그 결과가 굉장히 새롭게 느껴질 수도 있거든요. 창조적이란 것은 결과가 만들어주는 겁니다."

그럼 역시 머신러닝과 딥러닝 기법을 적용한다면 인공지능이 쓴 글도 창조적일 수 있다는 이야기일까? 불가능한 일은 아닌 것 같다. 김영하는 기계가 오히려 더 창조적인 문장을 쓸 수도 있을 것이라고 보았다.

"창조성은 일종의 모험심에서 나오는 거예요. 지금까지 존재하지 않는 방식으로 이야기하려면 작가가 모험심이 있어야 하거든요. 하지만 인간의 모험심을 무엇이 제약하느냐. 그건 결국 망할 수 있기 때문이거든요. 3년간 소설을 썼는데 망하면 안 되거든요. 그래서 우리는 클리셰를 받아들이고, 사람들이 받아들일 수 있는 선에서 이야기를 하는 가운데 약간의, 반 발자국 정도 진보하려 하는 거죠. 그런데 인공지능은 모험심으로 가득 찰 수 있어요."

모험심이 가득한 인공지능은 그동안 보지 못했던 새로운 글을 내놓아 인간들을 감동시킬 가능성을 배제할 수는 없다. 대본을 쓴 벤저민이 '뱉어낸' 이상한 문장이 오히려 문학성 짙은

'시적 표현'으로 해석될 여지도 있다. 하지만 그 문장들을 엮어 장편소설로 만들어낸다면 그 소설도 인간의 흥미를 끌 수 있을까? 기계가 까다로운 대중의 흥미를 자극하며 여러 문장을 끝까지 읽을 수 있게 만들 수 있을까? 다시 김영하의 설명을 들어보자.

"한 문장 안에서도 정보의 순서를 바꿀 수도 있고, 문장의 순서를 바꿔가며 정보의 순서를 다르게 배치할 수도 있어요. 예컨대 추리소설은 정보를 극단적으로 늦게 주는 식이죠. 정보를 배분하는 감각이 굉장히 중요합니다. 간단한 이야기인데, 누가 '얘들아, 내가 어제 누구를 만났는지 알아?'라며 대화를 이끄는 것과 '나 어제 부장님 만났어'라고 시작하는 것에 차이가 나는 것과 같아요. 사람들이 흥미를 잃지 않고 계속 읽을 수 있도록 하려면 기계가 사람의 마음을 이해하는 능력이 필요해요. 마음은 우리도 잘 모르잖아요. 이렇게 썼을 때 흥미로워했는데, 똑같이 몇 번만 더 하면 흥미를 잃잖아요. 매번 조금씩 다르게 쓰면서도 너무 이해 못할 정도로 짜증나게 하지도 않는 것은 쉽지 않은 일이에요."

이렇게 보면 사토 사토시 교수의 관점 역시 틀리지 않아 보인다. 결국 기계가 장편소설을 써서 인기를 끄는 상황은 근접한 미래에 보기 힘들 것 같다. 소설이라는 분야가 산업적으로 규모가 크지도 않은 점도 걸림돌이다. 돈이 되지 않는 영역이니

소설

기업들도 뛰어들지 않을 테고, 결국 기계가 쓰는 흥미로운 소설은 나오기 쉽지 않다는 뜻이다.

다만, '심지어 소설도 썼다'는 식으로 마케팅 의도로 한 시도는 꾸준히 이루어질 가능성이 높다. 인터넷 초창기, 바깥에 전혀 나가지 않고 생활할 수 있는지 확인해보려는 '인터넷 생존실험'처럼 미래의 삶과는 전혀 관련 없지만 화제성 높은 사례들이 등장할 수 있다. 구글이 바둑을 둔 것도 비슷한 맥락이다. 이런 마케팅과 미래에 대한 과도한 기대가 겹치는 순간 현실은 왜곡될 수 있다. 한국과학기술원 유신 교수는 "앞으로 수많은 분야에서 알고리즘과 인공지능이 우리 삶에 영향을 주기 시작할 텐데 그것의 능력과 한계를 정확히 이해하는 것이 필요한 시점"이라고 말했다.

오히려 지금 걱정해야 할 것은 '인공지능이 인간보다 더 창의적일까'라는 문제가 아닐 수도 있다. 인공지능은 소설을 포함한 여러 분야에서 영화 〈아이언맨〉의 자비스처럼, 한동안 인간의 조력자로서만 활동할 가능성이 높다. 그런 시대에는 인공지능을 쓸 수 있는 사람과 그렇지 못한 사람 간의 격차 문제가 더 중요하지 않을까?

3D프린터

호모메이커스의 탄생

3D프린터로
3D프린터를 만들다

"뭐라고요? 3D프린터를 만들었다고요? 3D프린터로 뭘 만든 게 아니고요?" 3D프린터를 직접 제작해보았다는 오늘공작소 한광현 선임연구원의 말을 듣고 귀를 의심하지 않을 수 없었다. 오늘공작소는 무언가를 직접 만드는 '메이커 운동'으로 청년 자립과 주거, 지역공동체 문제 등을 해결하려 시도하는 단체다.

한광현 선임연구원은 수차례 똑같은 질문을 반복하는 내게 계속해서 "맞다"고 답했다. 2013년 2월 버락 오바마 미국 대통령이 집권 2기 첫 국정 연설에서 3D프린팅 기술을 미래 제조업 혁명의 대표 주자로 언급하면서 전 세계적으로 3D프린터 붐이 일기 시작했다.

어떤 물건이든 상상한 대로 출력해낼 수 있는 3D프린터는 기존 질서를 바꿔나가며 혁신을 만들어내고 있다. 바로 이 첨단의 물건을 오늘공작소가 만든다고 하니 거짓말 같았다. 어리둥절한 채 말을 잇지 못하는 내게 한광현 선임연구원은 더욱 놀라운 말을 꺼냈다. 그는 오늘공작소가 원재료비 '20만 원'만으로 시민들이 3D프린터를 만드는 강좌를 준비한다고 밝혔다.

서울 은평구 녹번동 서울시 사회적경제지원센터에서 3D프린터를 만들기 위한 첫 모임이 시작되었다. 나를 포함한 '학생' 14명은 강사로 나선 오늘공작소의 강동호 연구원과 함께 3D프린터 만들기에 나섰다. 강동호 연구원은 "3D프린터는 첨단이 아니다"라고 잘라 말했다. "실은 진짜 첨단기술은 컴퓨터 프로그램에 전부 들어가 있어요. 3D프린터라는 기계는 컴퓨터의 명령을 받아서 그저 X-Y-Z축으로 움직일 뿐이에요."

첨단기술에 해당하는 컴퓨터 소프트웨어와 설계도 등은 원본과 복제본의 차이가 없는 디지털 세상의 특성에 따라 이미 수많은 사람에게 확산되었다. 영국의 에이드리언 보여 박사가

2004년부터 진행한 '렙랩RepRap 프로젝트' 덕이다. 보여 박사는 2007년 '다윈'이란 이름의 3D프린터 설계도를 온라인에 전부 공개했다. 그러자 이를 보고 따라 만든 10~20만 건에 이르는 수많은 '변이' 모델이 나왔고 이 과정에서 사람들이 선호하는 모델이 '자연선택'되며 더 좋은 성능을 갖춘 3D프린터로 진화했다.

이 모임에서도 렙랩에 올라온 '스마트랩 미니'http://reprap.org/wiki/Smartrap_mini라는 모델의 설계도를 참고해 3D프린터를 만들었다. 우선 전기신호에 따라 단계적으로 돌아가는 '스테퍼 모터', 필라멘트를 뜨겁게 달궈 녹이며 조금씩 배출하는 '핫엔드(헤드)', 핫엔드가 X-Y-Z축으로 직선운동할 수 있도록 축으로 쓰는 6~8밀리미터 쇠봉(연마봉)과 전산볼트, 베어링 등을 인터넷에서 구입했다. 직접 구매한 부품 가격을 더해보니 15만 원 정도 들었다. 각종 부품을 한데 모아 '키트'로 판매하는 상품은 시중에서 38~39만 원에 판매 중이었다.

이렇게 구매한 부품들을 사회적경제지원센터의 3D프린터를 이용해 출력한 '프린트 부품'을 이용해 조립했다. 출력 부품들은 그 자체로 하나의 설계도 구실을 했다. 프라모델을 조립할 때 군이 설명서를 읽지 않아도 되는 것처럼, 출력 부품들의 구멍과 각도에 맞춰 모터를 끼우고 연마봉과 전산볼트 등을 끼우니 얼개가 완성되었다. 총 작업시간을 따져보니 프린트 부품

영국의 에이드리언 보여는 '다윈'이란 이름의 3D프린터 설계도를 온라인에 전부 공개했고, 이를 보고 따라 만든 10~20만 건의 '변이' 모델이 나왔다. 스마트랩 미니 모델.

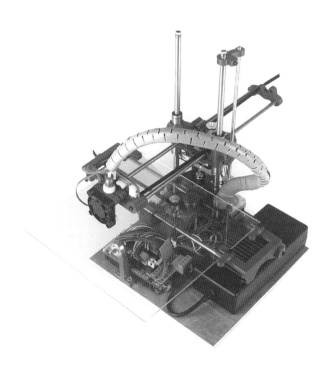

을 출력하는 데 12시간, 조립하는 데는 4~5시간이 걸렸다.

컴퓨터의 신호를 기계에 전달해주는 회로기판인 '아두이노 보드'를 연결하고 컴퓨터와 연결하는 설정 작업이 복잡하긴 했지만, 축을 이루는 플라스틱이 휘어 직선운동을 방해하지는 않는지 점검하는 등의 일이 조립 과정의 전부였다고 해도 과언이 아니다.

기계시대의
대안

그런데 왜 이렇게 단순한 기계가 첨단으로 불리고 있었을까? 사실 3D프린팅은 1984년에 개발된 오래된 기술이다. 제품 모형이나 시제품 제작을 위한 도구로 꾸준히 사용되어왔지만 그 외의 용도로 쓸 생각을 하지 않았다. 하지만 2004년부터 시작된 렙랩 프로젝트와 2009년, 3D프린터 전문 대기업인 스트라타시스가 독점적으로 보유했던 원료압출식ME 프린트 방식의 특허권 만료는 새로운 시도를 배양하는 토대가 되었다. 그러다 보니 각종 개인용 제품이 봇물처럼 터져나오기 시작했다. 최근 미국에서 뜨고 있는 '메이커봇'이나 네덜란드의 '얼티메이커', 국내의 '오픈크리에이터즈' 모두 렙랩 프로젝트를 기반으로 개인용 3D프린터를 만들어 상품으로 내놓은 사례들이다.

3D프린터와 무관했던 여러 업계에서도 이 기술을 이용하기 시작한 점도 혁신의 계기가 되었다. 복잡한 구조를 쉽게 만들 수 있는 3D프린터의 특성을 활용해 놀라울 정도로 가벼운 구조체를 개발해 가벼운 오토바이를 만드는 등 지금까지와는 다른 제품이 나타났고, 의료계에서는 개개인의 필요를 충족시켜주는 맞춤형 상품을 만들어내기 시작했다. 우주 분야에서는 달이나 화성의 원료를 그대로 이용해 우주기지를 건설하는 시도가 시작되었다.

『많아지면 달라진다』의 저자 클레이 셔키가 주장하듯, 다양한 사람들이 각자의 아이디어를 실제 제품으로 구현할 수 있는 기회를 갖게 되었다는 것 자체가 혁신의 토양이다. 소수의 전문가보다 수많은 사람의 아이디어가 뛰어날 때가 많다. 이런 현상은 '크라우드소싱' 같은 단어로 불리며 우리 사회를 변화시키고 있다. 나사는 태양 입자와 관련해 35년간 풀지 못했던 난제를 대중에게 공개해 풀었다. 그 문제를 해결한 사람은 천체 물리학계 인물이 아니라, 은퇴한 무선주파수 기술자였다.

한국과학기술연구원 계산과학연구센터 문명운 센터장은 "3D프린터를 혁신의 아이콘처럼 부르는 이유는, 3D프린터를 쉽게 이용할 수 있는 상황이 되면서 많은 사람이 할 수 없다고 생각했던 일을 할 수 있다고 상상할 수 있는 기회를 던져주었기 때문"이라고 설명했다.

1982년 말 미국의 『타임』은 PC를 '올해의 기계'로 선정했다. 외국의 각종 트렌드를 쉽게 접할 수 있고, 더 쉽게 음악을 들을 수 있게 되었다. 엑셀을 이용해 예전에는 할 수 없던 데이터 분석마저도 스스로 할 수 있게 되었다. 물건을 복제할 수 있는 3D프린터는 더욱 큰 변화를 불러올 수 있다. 이미 유튜브에서는 값비싼 색소폰을 3D프린터로 출력하는 등의 모습을 엿볼 수 있다.

나는 오늘공작소 신지예 대표, 강동호 연구원과 함께 '수제'로 만든 3D프린터를 써서 '모나미153 볼펜'을 만들어보았다. 모나미 볼펜을 선택한 이유는 기계화·분업화·컨베이어 벨트 등으로 상징되는 '포드주의'가 확대되면서 1963년 출시 시점엔 '아껴 썼던 중요한 물건'에서, 현재는 '일회용'으로 바뀐 역사를 담고 있기 때문이다. 우리는 이 과정에서 잃은 것이 무엇인지 탐구하는 과정을 가져보려 했다.

논의 과정에서 펜심은 제외하고, 껍데기 부분만 모사하기로 했다. 펜 끝의 볼을 만드는 것은 사실상 불가능하다고 판단했다. 각 부품의 치수를 캘리퍼스로 측정해 모델링을 하고, 프린터로 출력했다. 모델링이나 실패 과정 등을 제외하고, 출력 시간은 35분밖에 걸리지 않았다. 필라멘트는 9그램 정도 썼다. 1킬로그램의 필라멘트가 1만 5,000원에서 2만 원 정도니, 전기

3D프린터 _____

요금을 제외하고 재료 가격만으로 따지면 사실상 공짜인 셈이다.

하지만, 3D프린터로 모나미153 볼펜이라는 단순한 형태를 완전히 똑같이 만들기는 쉽지 않았다. 사출성형기와 같은 전통적인 제조업 방식에 최적화된 상품이기 때문이다. 진짜 모나미 볼펜이 300원 정도라는 점을 비교해보아도 가격경쟁력이 높은 것도 아니었다.

다만 이 과정은 많은 고민을 던져주었다. 신지예 대표는 "볼펜을 직접 만들어보면서 '몸통을 왜 육각형으로 만들었을까'라는 식의 제조 방식에 대한 궁금증이 들었고, '책상에서 구르지도 않으면서 구조적으로도 단단한 형태이기 때문이 아닐까?'라는 답을 내보기도 했다"고 말했다.

강동호 연구원은 "모나미 펜을 만들어보는 과정은 '머신 해킹'의 첫 단계와 흡사하다"고 말했다. 머신 해킹이란 기존 제품의 기술을 그대로 흉내내 직접 그 제품을 만들어내는 일이다.

지금까지 기술 발달은 아이러니하게도 개인을 기술에서 점점 멀어지게 만들었다. 앞으로 인공지능이 도입되면 이런 노동의 소외가 더욱 극단으로 치달을 가능성이 높다. 3D프린터로 볼펜을 만들어본 신지예 대표는 "자본이 기술을 독점하고, 청년들은 정보와 자원에서 소외되고 있는 상황에서 이 3D프린터로 청년들도 뭔가 해볼 수 있겠다는 생각이 들었다"고 말했다.

3D프린터는
인간의 무기

3D프린터는 기계시대를 극복하는 인간의 무기다. 3D프린터를 이용해 기계시대를 헤쳐나가는 인간을 우리는, 무언가를 스스로 만들어내는 최초의 인류란 의미의 '호모메이커스'다. 보여 박사는 "모두가 각자 필요한 물건을 스스로 만들어낼 수 있다면, 모두가 부유해지는 것"이라고 말한다. "당신이 자가복제가 가능한 생산기계를 얻게 된다면 어떨까요? 당신은 그 생산기계를 또 하나 만들어 친구에게 줄 수 있습니다. 모두가 부유해질 수 있는 길입니다."

생산기계의 대중화는 부의 균등분배를 이끈다. 보여는 "부wealth는 돈이 아니라 물건stuff에서 비롯된다"고 강조한다. 그의 말처럼 우리가 돈을 버는 이유는 원하는 물건을 사기 위해서라고 볼 수도 있다. 그런데 모두에게 필요한 물건을 스스로 만들어낼 수 있다면? 돈이 필요 없다. 원하는 것을 가질 수 있다면, 사실상 더 부유해진다고도 말할 수 있지 않을까?

제3차 산업혁명의 상징인 PC가 누구나 음악을 작곡하고 책을 만들게 하는 등 디지털 세계에서 부의 균등분배를 이끌었다면, 3D프린터는 현실 세계에서 부의 격차를 줄일 수 있는 촉매가 될 수 있다. 보여는 "과거 사람들은 공장에서 포디즘 방식으로 생산된 음악 CD를 구입했지만, 지금의 10대들은 CD를 사지 않는다. 그렇지만 그들은 이제 어느 때보다도 많은 음악을 가질 수 있게 되었다"고 강조했다.

물론 그의 주장이 단순히 논리적으로만 추론 가능한, 현실과는 다른 일이라고 말할 수도 있다. 아직 세상에는 3D프린터만으로 만들 수 없는 수많은 재화와 서비스 상품이 존재한다. 다만, 우리가 이미 얻은 것이 있다는 것은 확실하다. 렙랩 이전엔 4만 달러(약 4,600만 원)에 이르던 3D프린터가 메이커봇 등이 나오며 400달러(약 46만 원) 수준으로 가격이 내려갔다. 개개인의 능력이 발휘되는 환경은 또 다른 혁신을 불러일으키며 이른바 '제4차 산업혁명'을 추동하고 있다. 3D프린터로 우리가 만들어갈 미래는 여전히 무한히 열려 있다.

자율주행차

스스로 움직이는 자동차

자동차 제작사들은
왜 우버를 좋아할까?

자율주행차는 우리 눈앞에 어떤 모습으로 등장하게 될까? 관련
업체들은 자율주행차가 적용될 만한 현실적인 비즈니스 모델
을 찾아냈고, 최근 그에 대한 확신을 드러내기 시작했다. 그 비
즈니스 모델이란 바로, 스마트폰으로 택시를 잡거나 카풀을 도
와주는 차량 공유 서비스와의 결합이다.

우리는 미국 피츠버그에서 자율주행차의 시대가 열리는 첫 광경을 목격하게 될 것이다. 피츠버그에서 스마트폰으로 택시를 부르면 컴퓨터가 운전하는 볼보 'XC90' 자율주행 택시가 찾아올 수 있다. 물론 앞좌석에는 안전을 위해 우버가 배치한 직원 2명이 타고 있어 자율주행차라는 실감이 나지 않을지도 모른다. 자율주행차를 개발해 240만 킬로미터의 테스트 주행을 거친 구글도, 폴크스바겐이나 도요타와 같은 세계적인 완성차 업체도 아닌 차량 공유 업체가 미래를 여는 첫 주인공이란 점은 의미심장하다.

2016년 초까지만 해도 자율주행차는 다가오지 않은 미래 중 하나였다. 그래서 우리는 자율주행차의 기술 수준이 어느 정도인지, 언제 자율주행차가 개발되어 우리 눈앞에 나타나게 될지에 대한 추상적인 전망에 치중해왔다. 하지만 최근 분위기가 급변하고 있다. 이제 업계는 차량 공유 서비스라는 비즈니스 모델에 대한 비전에 확신을 갖고 있다. 이에 따라 차량 공유 서비스 업계의 선두주자인 우버에 관련 업계의 러브콜이 쏟아지고 있다.

완성차업체 포드의 변신도 주목할 만하다. 포드의 마크 필즈 대표는 "우리는 자동차와 함께 이동을 위한 솔루션 서비스 쪽에도 사업을 확장하고 있다"고 밝혔다. 포드는 "우버·리프트와 같은 차량 공유 서비스에 투입하기 위해 2021년까지 완전

자율주행차를 개발하겠다"고 공언하기도 했다. 이 의미는 무엇일까?

2016년 여름 자율주행차 업계는 업체 간 합종연횡으로 뜨거웠다. 하루가 다르게 투자와 인수합병 소식이 터져나왔다. 그 중심에 우버가 있다. 그중 주목받은 사례는 스웨덴의 프리미엄 자동차회사인 볼보와 우버가 맺은 파트너십이다. 볼보는 자율주행차 시스템을 탑재할 수 있는 '베이스 차량'을 개발하고, 우버는 그 차량을 100대 구매하는 것이 파트너십의 주요 내용이다. 두 업체는 공동으로 3억 달러(약 3,300억 원)를 투자해 베이스 차량에 탑재 가능한 자율주행 시스템을 개발할 예정이다.

2016년 5월에는 포드가 우버와 파트너십을 맺었다. 포드는 자율주행 기술이 적용된 퓨전 하이브리드 모델을 이용해 피츠버그에서 운행 테스트를 하고 있다. 이 테스트 차량은 지도 데이터 수집과 자율주행 기능 테스트를 벌인다.

도요타는 2016년 5월 우버와 전략적 제휴를 맺었다. 우버 운전자에게 차량을 임대하는 프로그램을 만든 도요타는 하반기에 이 프로그램을 시작했다. 도요타는 우버에 약 1억 달러(약 1,100억 원)를 투자한 것으로 알려진다. 자율주행 시스템 소프트웨어를 개발 중인 마이크로소프트, 재규어·랜드로버 등을 소유한 인도의 타타자동차도 7월과 8월 우버에 각각 1억 달러를 투자했다.

북미 지역에서 우버의 경쟁 업체로 활약 중인 리프트도 인기를 끌고 있다. GM은 2016년 1월 리프트에 5억 달러(약 5,500억 원)를 투자했다. 5월에는 리프트와 함께 2017년 쉐보레 볼트 전기택시를 이용해 자율주행 택시를 테스트하겠다고 밝혔다. 포드 역시 2016년 1월 리프트에 5억 달러를 투자했다.

"자동차는
모바일 디바이스"

'타이탄 프로젝트'를 통해 자율주행차 개발에 은밀히 나서고 있는 애플은 중국에서 우버를 몰아낸 차량 공유 서비스 업체인 디디추싱滴滴出行에 10억 달러를 투자하며 시장 선점에 나섰다. 폴크스바겐은 2016년 5월 주로 유럽을 무대로 택시 호출 서비스를 벌이고 있는 게트에 3억 달러를 투자했다. 벤츠의 모회사 다임러가 가지고 있는 마이택시는 2016년 7월 경쟁사인 헤일로와 합병했다. 택시 호출 서비스 업체 두 곳이 합병하면서 유럽 최대의 차량 공유 업체가 탄생했다.

업계의 이런 움직임은 시장의 주도권이 차량 공유 서비스 업계 쪽으로 급격하게 쏠리고 있기 때문이다. 스마트폰이 보급되면서 필요할 때만 이용하는 온디맨드on demand 시장이 운송 분야를 중심으로 급격히 확대되고 있다. 이미 우버, 리프트 등은 스마트폰 앱으로 공유 서비스를 내놓으며 모바일 온디맨드 MOD 시장을 확대하고 있다. 여기에 자율주행차가 더해진다면 파괴력은 더욱 커지게 된다. 자율주행차의 컴퓨터는 인간보다 시간을 잘 맞추고, 완전 자율주행차 시스템이 도입되었을 경우 사고율도 0에 수렴하며 요금도 사람이 운행할 때보다 30~60퍼센트 저렴하기 때문이다.

지금까지 완성차 업계는 자율주행차에 그리 호의적이지 않았다. 자동차 소유 비율을 떨어뜨릴 것이라고 봐왔기 때문이다. 구글이 자동차 시장 진입을 노리며 운전대와 페달 없는 자율주행차를 선보이며 '공격적인' 마케팅을 벌일 때도, 완성차 업체들은 "운전의 즐거움은 미래에도 사라지지 않을 것"이라고 강조해왔다. 벤츠가 1월 라스베이거스에서 연 국제전자제품박람회CES에 공개한 자율주행차 콘셉트카에는 운전대가 붙어 있다.

하지만 최근 완성차들의 움직임은 자칫 타이밍을 놓쳐 시장의 주도권을 빼앗기면 향후엔 설 자리가 없을 것이란 위기감을 반영한다. 앞으로 자동차는 소유물이 아니게 될 가능성이 높다. 최근 포드가 공유 셔틀버스 업체 채리엇을 인수하고 공유 자전거 사업에 나선 것은 바로 이런 이유 때문이다.

"자동차는 궁극적인 모바일 디바이스"라고 설명해온 애플의 말처럼, 자율주행차의 시대에 자동차는 더는 소유하는 물건이 아니다. 대신 호출해서 잠깐 타는 서비스 상품으로 변하게 될 가능성이 높다. 자동차 산업은 제조업에서 서비스업으로 바뀌고 있다.

자율주행차 기술의 최강자로 알려진 구글도 이 흐름을 그대로 따르고 있다. 구글은 2013년, 일찌감치 웨이즈라는 차량 공유 서비스 업체를 인수했고, 2016년 5월부터 미국 캘리포니아주 베이 지역에 있는 구글과 월마트, 어도비시스템스 등 직원 2만 5,000명을 상대로 통근용 '카풀 파일럿 서비스'를 시작했다. 구글은 이 파일럿 프로젝트를 바탕으로 우버·리프트 택시보다 값싼 차량 공유 서비스를 만드는 게 목표다.

국내에서도 이 가능성을 염두에 둔 실험이 진행 중이다. 서울대학교 지능형자동차 IT연구센터는 서울대학교 캠퍼스 안에서 스마트폰으로 호출하면 이용자에게 찾아와 목적지까지 데려다주는 '스누버SNUber' 택시 실험을 벌이고 있다. 서승우 센터장은 차량 공유 서비스와 자율주행차 기술의 결합으로 이어질 수밖에 없는 이유에 대해 이렇게 설명했다. "차를 빌려 가는 입장에서 보면, 하루치 렌트비를 지급했는데 일부 시간만 이용하고 주차장에 두면 아깝지 않나요. 자율주행차가 도입되면 꼭 필요할 때만 이용하고 그에 맞는 돈만 쓰면 되니 소비자에게는 유리한 모델이죠."

자율주행차의
한계

자율주행 기술은 이미 완성된 것일까? 물론 아직은 그렇지 않다. 수많은 돌발상황에 대한 대응력이란 측면에서 한계도 많다. 사람들이 북적이는 서울 홍대 앞 골목길과 같은 이면도로에서 주행은, 영원히 불가능할 것이란 전망도 있다. 다만, 큰 도로 등을 중심으로 일정 구간을 운행하는 서비스 정도는 지금 테스트 단계의 기술로도 가능하다. 그 기술 수준은 현대기아자동차의 자율주행차를 바탕으로 확인할 수 있었다.

경기도 화성시 남양읍의 현대기아자동차 남양연구소를 찾았다. 사내 도로에 스포츠실용차SUV인 투싼 한 대가 있었다. 김진학 책임연구원은 이 자율주행차에 대해 "미국 도로교통안전국NHTSA이 정의한 레벨3과 레벨4 사이의 자율주행차"라고 설명했다.

내비게이션과 비슷하게 생긴 차량 모니터링 장치에 왕복 5킬로미터 정도의 경유지와 목적지를 설정하자 자동차가 출발했다. 자동차는 이곳 도로의 제한속도인 시속 40킬로미터로 금세 올라섰다. 연구용으로 차량 내부에 장착된 모니터링 장치는 주변의 자동차와 사람을 부지런히 체크했다. 반대편 차선에서 달려오는 차량은, 눈에 보이는 그대로 모니터링 장치 안에서도 네모난 박스 형태로 그려진 채 움직였다. 차량에 장착된 레이더와 라이다, 카메라, 초음파 센서 등에 의해 인식된 움직이는 물체는 모두 여기에 표시되었다. 인도를 걷는 사람도 마찬가지다. 그 어렵다는 차선 변경도 자연스럽게 했다.

레벨3 수준의 자율주행차 상용화 가능성도 점점 커지고 있다. 시간은 기술의 편이다. 구글의 자율주행차인 '코알라' 지붕 위에 달린 라이다의 가격은 1억 원에 달했다. 하지만 최근 이스라엘의 스타트업 기업인 이노비즈는 그 가격을 10만 원 수준으로 낮추겠다고 공언했다. 전문가들은 레벨3 자동차가 상용화되는 시점을 대략 2020~2021년으로 보고 있다. 기술적으로만 보면, 그때가 되면 제한된 구간에서 자율주행 택시는 충분히 운행이 가능해진다는 의미다.

물론 회의론도 만만치 않다. 이날 자율주행차는 '운 좋게도' 돌발상황을 만날 수 있었다. 반대편 차선 앞쪽에 깜빡이를 켜지 않은 차량이 미세하게 왼쪽으로 트는 듯하더니 이내 좌회전을 하기 시작했다. 방어운전을 하는 인간과 다르게, 이 자율주행차는 그 차가 좌회전을 하는 중에도 속도를 늦추지 않았다. 두려운 순간이었지만, 운전석에 앉아 있던 김병광 책임연구원은 태연해 보였다. 자율자동차는 뒤늦게 제동을 걸었다. 문제는 없었다. 다만 승객을 불안하게 했다는 점은 큰 단점이다.

사람은 차량의 미세한 움직임이나 차량 내부의 상대 운전

자율주행차 상용화 가능성이 점점 커지고 있다. 시간은 기술의 편이다. 구글의 자율주행차인 '코알라'.

구글 제공

자 눈빛 등을 통해 앞으로 일어날 일을 예견할 수 있다. 하지만 컴퓨터는 아직 그러지 못했다. 다만, 수많은 학습(머신러닝)을 바탕으로 다양한 상황을 익히면 이런 문제도 해결할 수 있을 것으로 보인다. 현재 기술로도, 좌회전 대기 차량이 있을 때 속도를 줄이는 식으로 알고리즘을 설정한다면 당장 해결할 수도 있지만, 주행 효율은 크게 떨어지게 된다.

미국 피츠버그에서 벌어지는 우버의 실험도 자세히 들여다보면, 매우 제한적으로 이루어진다는 것을 알 수 있다. 피츠버그에서 우버를 부른다고 무조건 자율주행차가 오는 것은 아니다. 출발 위치와 목적지, 주행거리, 고객의 선호 등에 따라 자율주행차가 배정될 수도, 그렇지 않을 수도 있다. 자율주행차는 극히 제한된 구간만 운행할 수 있기 때문이다. 이 때문에 관련 시장에 대한 최초 이미지를 갖기 위한 마케팅 차원의 노력일 뿐이란 시각도 있다.

특히 한국적인 도로 상황에서는 자율주행차가 도입되기가 쉽지 않다. 예컨대 서울 강남과 같이 도로 여건이 좋은 곳이라고 하더라도, 차선 변경을 하려고 깜빡이를 켜면 옆 차선 차량이 오히려 더 빨리 달린다. 이런 곳에서는 레벨3 수준의 자율주행차라고 해도 대응하기가 쉽지 않다.

국가전략프로젝트 '자율주행자동차 기획단'의 선우명호 단장(한양대학교 교수)은 "우버가 피츠버그에서 자율주행 택시

사업을 시작하는 이유가 있다. 그곳은 차가 많지 않은 매우 한적한 도시다. 싱가포르에서 최근 벌인 자율주행 택시 시범운행 구간도 2.5킬로미터 수준으로 제한된 구간에 불과하다"고 지적했다. 그는 "기획단은 2024년까지 레벨4의 기술을 개발 완료할 계획이지만, 그것을 상용화한다는 것은 또 다른 차원의 문제다. 마케팅에 현혹되면 안 된다"고 말했다.

우버를 불러 자율주행차가 배정되었을 때 소비자들이 과연 받아들일 수 있느냐도 문제다. 사람들은 단 1건의 기계적 오류도 받아들이지 못한다. 컴퓨터에 대한 신뢰가 쌓여 수용할 수 있는 시대가 되려면 예상보다 훨씬 긴 시간이 필요할지도 모른다.

FUTURE & SCIENCE

5

기후변화

적정기술

플라스틱

멸종

기후변화

온실가스 감축은 가능한가?

'기후변화에
대한 진실'

기후변화를 주제로 한 글을 읽다보면 '기후변화 대응은 미래
세대에 대한 책임'이라는 식의 표현을 종종 만나게 된다. '기후
변화는 인류 최대 위협'이라는 말에 고개를 끄덕이는 사람들도
그렇게 위협을 받게 될 인류는 자신과는 먼 미래의 인류일 것이
라고 생각한다. 과학자들의 연구 결과는 이런 생각이 틀렸을 수

있다고 말한다. 기후변화가 예상보다 빨리 진행되면서 미래를 현재로 더 빨리 끌어당기고 있기 때문이다. 2017년 6월 도널드 트럼프 미국 대통령의 파리기후변화협정 탈퇴 발표로 기후변화의 시계바늘은 더욱 빨리 돌아갈 가능성이 높아졌다.

2015년 12월 세계 195개 나라는 프랑스 파리 유엔기후변화협약 당사국회의에서 2020년 만료될 기후변화협약 교토의정서를 대체하는 파리기후변화협정을 채택했다. 2016년 11월부터 공식 발효된 파리기후변화협정은 지구 평균온도를 산업화 이전 온도에서 2도 훨씬 못 미치게 증가하는 정도로 억제하면서, 증가 폭을 1.5도까지 낮추기 위해 노력하는 것을 장기 목표로 내걸었다. 1992년 기후변화협약에서 "기후 시스템에 대한 인간의 위험한 개입을 예방하는 수준에서 온실가스 농도를 안정화한다"고 추상적으로 제시한 목표를 구체화한 것이다. 이런 목표 달성을 위해 기후변화에 역사적 책임이 큰 선진국뿐만 아니라 개발도상국과 저개발국들까지 모두 온실가스 감축에 동참하기로 했다.

기후변화의 최대 피해자이자 줄일 온실가스도 거의 없는 태평양의 섬나라들까지 온실가스 감축에 나서기로 한 마당에 미국의 탈퇴 선언은 무책임과 몰염치의 극치다. 미국은 세계 최대 온실가스 배출국 지위는 중국에 넘겼지만, 산업화 이후 누적 배출량으로는 여전히 세계 1위를 지키고 있는 기후변화의 주범

이기 때문이다.

기후변화 연구기관들은 미국이 협정을 탈퇴하고 온실가스 감축 약속을 이행하지 않을 경우 이번 세기말까지 지구 평균온도는 미국이 감축 약속을 모두 이행할 때보다 0.3도 상승할 것이란 분석 결과를 내놓고 있다. 19세기 이후 2016년까지 지구 평균온도는 산업화 이전보다 이미 1.1도 상승했다. 2도 억제선까지는 0.9도의 여유 밖에 남지 않았다. 이런 상황에서 미국이 협정을 떠나면 기후변화 억제 목표 달성은 어려울 수밖에 없다.

하지만 기후변화 전문가들은 미국의 협정 탈퇴 선언을 하기 전부터 협정에서 내건 온난화 억제 목표 달성이 극히 어렵다는 진단을 내렸다. 이미 진행된 온난화 수준과 세계 각국의 온실가스 감축 계획을 종합해 분석한 결과다. 대기화학자인 영국의 로버트 왓슨을 비롯한 6개국의 대표적인 기후변화 전문가 7명이 마라케시 기후회의 개막 두 달 전 내놓은 '기후변화에 대한 진실'이라는 보고서의 결론도 마찬가지다. 이런 종류의 보고서는 처음이 아니다. 하지만 이 보고서는 주저자인 로버트 왓슨이 국제사회 기후변화 논의의 기초 자료를 제공하는 기후변화정부간협의체IPCC 의장을 지낸 저명한 과학자라는 점에서 주목할 만하다.

이들은 보고서에서 "산업화 이전 대비 지구 온도 상승 폭을 1.5도에서 억제하는 목표는 이미 거의 확실히 빗나갔고, 2도

2015년 12월 프랑스 파리에서 열린 기후변화협약 당사국 회의를 이끈 고위급 인사들이 총회 마지막 날 파리기후변화협정이 채택된 뒤 서로 손을 맞잡고 기뻐하고 있다.

유엔기후변화협약사무국 제공

억제선도 2050년이면 도달할 수 있다"고 밝혔다. 지구 온도는 2015년까지 이미 산업화 이전 대비 1도 상승했다. 이런 상태에서 이미 배출된 온실가스에 의해서만 0.4~0.5도의 추가 상승이 예상되는 반면, 각 나라의 온실가스 감축 속도는 충분히 빠르지 않다는 게 그런 판단의 근거다.

보고서는 또 모든 나라가 국제사회에 약속한 '온실가스 감축 계획INDC'을 100퍼센트 이행해도, 2030년에 대기 중에 배출될 온실가스는 2도 억제선을 넘기지 않으면서 최대한 배출할 수 있는 양보다 33퍼센트 많을 것으로 분석했다. 게다가 80퍼센트가 넘는 나라가 감축 계획 실행을 선진국들이 연간 1,000억 달러 규모의 지원금을 내놓는 것과 조건부로 묶어 놓았다. 부족한 온실가스 감축 계획마저 이행되기까지 넘어야 할 산이 높은 셈이다.

온실가스
배출량이 늘어난다

2도 억제선 방어가 어렵다는 진단에는 유엔 기구도 동의한다. 유엔환경계획UNEP은 '2015 배출량 격차 보고서'에서 지금까지 제시된 각 나라의 감축 계획대로면 세기말까지 지구 온도는 2도 억제선을 크게 벗어나 3~3.5도까지 올라갈 수 있다고 지적했다. 기후변화정부간협의체의 온실가스 배출량 시나리오에서 2도선 억제 가능성이 큰 경로를 따르려면 2010년 475억tCO2-eq(이산화탄소상당량톤)인 세계 온실가스 배출량이 2020년 520억tCO2-eq에서 정점을 찍고 이후 빠르게 줄어들어야 한다. 하지만 각 나라가 약속한 2030년까지의 감축 계획을 모두 이행해도 온실가스 배출량은 계속 늘어나, 2030년의 지구 온실가스 배출량은 2도 억제선을 지킬 수 있는 양보다 140억tCO2-eq 많은 수준이 될 것이기 때문이다.

실제 관측 결과와 기후변화정부간협의체에서 제시한 시나리오를 비교해보면 복잡한 분석을 하지 않고도 파리기후변화협정이 설정한 기후변화 억제 목표가 얼마나 무리한 것인지 쉽게 알 수 있다. 2015년 대기 중 온실가스 농도는 이산화탄소로 환산해 485ppm을 기록했다. 미국 해양대기청이 이산화탄소 CO_2와 메탄 CH_4, 아산화질소 N_2O 등 기후변화협약에 규정된 6가지 온실가스를 모두 측정해 분석한 결과다.

2015년에 도달한 대기 중 온실가스 농도 485ppm은 어느 수준일까? 기후변화정부간협의체는 '제5차 기후변화평가보고서'에서 미래 기후변화를 전망하는 데 4가지 온실가스 배출 대표농도경로 RCP 시나리오를 사용했다. 이 가운데 지구 온도 상승을 산업화 이전 대비 2도 이내에서 억제할 '가능성이 높다'

기후변화

고 제시한 RCP2.6 시나리오의 2100년 대기 중 온실가스 농도는 평균 450ppm · CO_2-eq이다. 지구 온도가 이번 세기 이후에도 1850~1900년 대비 2도 이상 오르지 않을 '가능성이 있다' 고 제시한 2100년의 대기 중 온실가스 농도는 평균 500ppm · CO_2-eq이다.

지구 온실가스 농도가 2도 상승 억제선을 넘지 않을 '가능성이 큰' 농도를 이미 넘어, 억제할 '가능성이 있는' 농도의 턱밑까지 다가간 셈이다. 기후변화정부간협의체가 결국 대기 중에 누적된 이산화탄소를 제거해 온실가스 농도를 다시 떨어뜨리는 이른바 '바이오에너지 탄소포집저장BECCS'과 같은 '지구공학' 방안을 2도 억제선 방어 수단으로 제안할 수밖에 없었던 이유다. 기후변화정부간협의체가 제안한 지구공학 기술은 언제 완성될지 기약이 없다. 또 기술적으로 가능해졌다 해도 천문학적인 비용과 부작용 논란을 넘어야 한다.

2016년 10월 아프리카 르완다에서 열린 몬트리올의정서 당사국회의가 강력한 온실가스인 수소불화탄소HFCs의 단계적 퇴출에 합의한 것도 그 효과가 알려졌던 만큼 크지는 않을 것이라는 분석에 무게가 실린다. 기후변화행동연구소 안병옥 소장은 이렇게 말했다. "수소불화탄소 감축으로 온실가스 배출량이 전체 온실가스 연간 배출량의 2배에 이를 수 있다는 계산까지 제시된 것으로 보아 그 자체로 작은 효과는 아니겠지만, 그것은 현재 추세로 계속 배출할 경우와 대비해 그렇다는 것이고, 그에 따른 감축도 대부분의 나라가 이미 약속한 온실가스 감축 계획에 포함되어 있다고 보아야 한다." 수소불화탄소가 이미 각 나라들이 감축 실적에 포함해온 온실가스의 하나여서 추가 감축될 가능성이 크지 않다는 이야기다. 유엔기후변화협약사무국에 제출된 각 나라의 감축 계획을 보면, 주요 온실가스 배출국 가운데 수소불화탄소를 빼고 이산화탄소만 감축 기준으로 삼은 나라는 중국뿐이다.

기후 난민이
발생한다

지구는 평균온도가 산업화 이전 대비 1도 상승한 상태에서 이미 다양한 기후변화 피해를 경험하고 있다. 지구촌 곳곳이 돌아가며 폭염과 열파와 같은 극한 현상에 시달리고, 관측 기록을 깨는 집중 호우에 따른 홍수와 가뭄으로 농작물 생산과 경제활동에 큰 피해를 보고 있다. 변화에 적응하지 못하는 생물종들은 점점 멸종 위기를 향해가고, 병원체나 모기와 같은 질병을 매개하는 해충의 서식지와 활동 기간이 늘어나면서 전염병 위험 지역이 확대되고 있다. 극지의 얼음이 녹아 해수면이 올라가면서 작은 섬나라와 해안 저지대에는 상습적인 침수와 폭풍 해일 등의 위험에 노출되어 '기후 난민'까지 나타나고 있다.

여기에서 다시 1도가 더 올라가 산업화 이전 대비 2도 상승한 세계는 인류가 한 번도 경험해보지 못한 미지의 세상이다. 게다가 그것이 지금 살아 있는 사람 대부분이 떠난 뒤일 세기말이 아니라 불과 32년 뒤인 2050년으로 확 앞당겨 도착한다면 어떤 모습일까? 기후변화 전문가들은 그 세상이 산업화 이후 지금까지 1도 상승하는 동안 나타났던 기후변화 정도가 딱 1도만큼만 더 심해지고 마는 세상은 아닐 것이라고 설명한다. 산업화 이전 대비 지구 평균온도가 0.5도 올라간 상태에서 0.5도 더 증가하는 것과 1도나 1.5도에 도달한 상태에서 다시 0.5도 올라가는 것은 같은 폭의 온도 변화지만, 그 영향은 뒤로 갈수록 더 강하게 나타날 수 있다는 이야기다.

포항공과대학교 환경공학과 민승기 교수는 "온난화 영향 가운데서도 폭염이나 열파 같은 이상 기상현상은 특히 더 선형이 아니라 비선형으로 증가하는 경향이 있다. 온도가 증가하는 데 따라 직선으로 증가하는 것이 아니라 지수함수적으로 급격하게 증가하는 것이다. 극지에 있는 얼음도 온도 증가와 같은 속도로 천천히 녹는 것이 아니라 갑자기 빠르게 녹는 순간이 올 수 있는데 최근 그렇게 갑자기 점프하듯 비선형으로 속도가 빨라지는 구간이 산업화 이전 대비 상승 폭 1.5도와 2도 사이에 있다는 보고들이 나오고 있다"고 말했다.

　더욱 우려스런 것은 전례 없이 빠른 온도 증가 속도다. 민승기 교수는 "산업화 이전 대비 2도라는 온도의 크기도 중요하지만, 그 온도가 얼마나 짧은 시간에 변하는지가 영향 측면에서는 훨씬 중요한 질문이다. 빙하기와 간빙기의 지구 평균온도 차이가 5도밖에 안 되고, 그것도 10만 년이란 기한을 두고 천천히 왔다갔다해 생태계가 적응할 시간이 충분했다. 그러나 100년에 1도가 증가하게 되면 이 속도가 100배 빨라지는 것이어서 생태계가 적응하기 어려울 수 있다"고 말했다. 로버트 왓슨 교수 등의 보고서대로 35년 만에 1도 올라갈 정도로 온도 상승 속도가 빨라지는 것은 특히 온도 변화에 민감한 생물종에게 치명적인 위험일 수밖에 없다.

평균온도가
2도 증가하면

1988년 미국 의회 청문회에서 온실가스에 의한 기후변화 위험성을 처음 증언한 것으로 유명한 제임스 핸슨 박사가 이끈 국제 연구팀이 2016년 5월 과학저널 『대기화학과 물리학』에 발표한 연구 결과는 기후변화의 영향이 지수함수적으로 급격히 증폭되는 것을 잡아낸 사례다. 연구팀은 실제 관측 자료와 수치 기후 모델, 고기후 자료 등을 이용해 그린란드와 남극에서 점점 바다로 많이 녹아들고 있는 얼음물이 바닷물 순환을 억제해 해수 표면 온도를 증가시키고, 이것이 다시 해빙을 증가시키는 되먹임(피드백) 과정이 증폭되기 시작했다는 결론에 도달했다. 이들의 분석 결과, 그 되먹임 과정은 지금보다 평균온도가 불과 1도 높은 조건에서 해수면이 6.9미터 높았던 앞선 간빙기의 되먹임 과정과 흡사한 것으로 나타났다. 국제사회의 기후변화 억제 목표선인 산업화 이전 대비 2도 상승도 위험할 수 있다는 경고다.

과학자들은 다양한 컴퓨터 기후모델을 통해 미래의 기후변화를 예측해 알려주고 있다. 이런 모델링 결과를 종합해 기후변화정부간협의체는 세기말인 2080~2100년에 지구 평균온도가 산업화 이전 대비 2도 증가하는 경우, 북극 생태계와 아마존에서 환경 변화가 갑작스레 돌이킬 수 없는 상황으로 진행되는 이른바 '티핑 포인트' 도달, 육지의 탄소 흡수량 감소, 생물종 멸종 위험 증가, 해양 산성화와 높은 기후변화 속도에 따른 해양 생물 다양성 손실, 기후변화에 의한 작물 생산 변동성 증가, 질병률 증가 등의 위험이 중간 수준일 것으로 분류했다. 지구적 주요 위험 항목 15가지 가운데 매우 높은 수준의 위험으로 분류한 것은 '빈곤계층의 수자원 접근성 감소' 한 가지다.

하지만 모델링을 통한 미래 예측의 정확성에는 한계가 있다. 최근 북극의 바다얼음이 녹는 속도가 과거 어떤 모델링을 통해 예상했던 것보다도 빠르게 진행되고 있는 것이 그런 예다. 조금씩 가까워지는 2도 상승한 세상에 두려움을 가질 수밖에 없는 이유다. 환경정책평가연구원 기후융합연구실 강상인 연구위원은 "기후변화 피해가 산업화 이전 대비 상승 폭이 2도 미만으로 유지되면 회복이 가능하지만, 2도를 넘어 점점 올라가면 다시 원래대로 되돌리기 어려운 불가역적 상황이 펼쳐진다는 우려가 있다"고 말했다.

기후변화

적정기술

지속가능한 생존을 위해

지속가능한
기술적 해결책

지구의 세 가정 가운데 한 가정은 지금도 나무나 숯, 석탄, 가축의 똥과 같은 고체연료로 불을 피워 음식을 익힌다. 세계보건기구는 이런 취사 과정에서 나오는 연기를 비롯한 유해물질에 의한 조기 사망자가 세계적으로 해마다 400만 명이 넘는 것으로 추정한다. 피해자는 주로 저개발국의 가정에서 식사를 준비하는 여성과 어린아이들이다.

매운 연기에 시달리는 이들의 고통에 선진국 주부들이 쓰는 전기조리기나 가스레인지 선물은 해결책이 아니다. 유엔개발계획UNDP은 『인간개발보고서HDR 2015』에서 2012년 기준 세계 인구의 15.5퍼센트, 사하라사막 이남 아프리카 인구의 64.6퍼센트가 전기 없이 산다고 보고했다. 고체연료 취사 지역은 이런 지역과 대부분 겹친다. 설령 전기나 가스를 구할 수 있는 곳이더라도 수입에 비해 너무 비싸 사용할 형편이 안 된다.

이런 이들에게 실제로 도움이 되는 것은 현재 사용하는 연료의 연기를 덜 마시며 태울 수 있게 해주는 것, 적은 연료로도 강한 화력을 얻을 수 있게 해 땔감을 구해오는 수고를 덜어주는 것 등이다. 이처럼 도움이 필요한 이들이 놓여 있는 여건을 고려한 지속가능한 기술적 해결책이 '적정기술'이다. 유한한 자원과 악화되는 환경을 공통의 문제로 안고 있는 지구촌에서 적정기술은 그래서 자원과 에너지를 덜 쓰고, 환경을 덜 해치며, 지속가능한 방식으로 문제를 해결해야 한다는 점을 공통분모로 지니게 된다.

2016년 11월 30일부터 사흘간 적정기술학회와 한국연구재단 지구촌나눔기술센터 등의 공동 주관으로 서울대학교에서 열린 '적정기술 국제 콘퍼런스'는 적정기술의 현주소를 엿볼 기회였다. 전문가들의 다양한 적정기술 적용 사례 발표와 전시가 이어졌다.

전시된 여러 적정기술 제품 가운데 특히 눈길을 끈 것은 저개발국들에서 많이 재배되는 자트로파나 피마자 등의 식물에서 짜낸 기름을 바로 연료로 쓸 수 있다는 '플린트 쿡스토브'라는 이름의 스토브, 작은 티캔들 촛불로 켜지는 '셰어라이트'라는 LED 램프 세트였다. 적정기술 제품들은 정말 쓸 만한 제품일까? '적당히' 만들어진 제품은 아닐까? 하지만 현장에서 실제 성능을 확인할 수는 없었다. 스토브는 사람이 많은 실내여서 연기를 내며 불을 피우기 곤란했고, LED 램프는 켜져 있었지만 낮이어서 실제 밝기가 가늠이 안 되었다. 두 제품의 개발업체와 접촉해 실제 사용해보기로 했다.

경기도 고양에 있는 플린트 쿡스토브 개발업체 플린트랩의 연구소를 찾았다. 2014년 10월 서울시립대학 창업보육센터에서 출발한 플린트랩은 개발자인 윤성완 이사가 아들 2명과 함께 설립한 가족회사다. 이 쿡스토브에 관심이 끌린 것은 폐식용유는 물론 고기를 구워 먹을 때 나오는 동물성 기름까지도 별도 가공 없이 연료로 사용할 수 있다는 설명 때문이었다. 요즘 가정에서 나오는 폐식용유는 주로 수거된 뒤 바이오디젤 원료로 재가공되고, 동물성 기름은 폐기물로 버려지는 게 일반적이다. 그대로 연료로 쓰는 것이 더 경제적일 수 있지만, 점도와 발화점이 높아 태우기 어렵고 연기가 많이 나 시도되지 못하고 있다.

불을 피우려고 연구소 밖에 내놓은 스토브의 구조는 크게 복잡할 것이 없었다. 옛날 시골집 부엌에 놓여 있던 석유곤로는 내부에 둥글게 고정된 심지로 연료를 빨아올려 태웠다. 반면 플린트 쿡스토브는 소형 펌프와 팬을 장착해 연소기 안으로 연료를 밀어올리면서 공기를 불어넣어 태우는 방식이다. 손잡이가 달린 소용돌이 형태의 분리형 세라믹 심지가 연소기 안에 거꾸로 얹히는 것도 다른 점이다.

집에서 작은 페트병에 준비해간 폐식용유와 오리구이 기름을 한데 잘 섞어 연료통에 따라 넣고 불붙이기에 나섰다. 심지 손잡이를 들고 끝부분을 폐식용유 통에 살짝 적신 뒤 라이터 불을 갖다 댔다. 불만 들이대면 금방 옮겨 붙었던 오래전 석유곤로 심지와 달리 폐식용유를 묻힌 심지는 불이 잘 붙지 않고 검은 연기를 피워냈다. 석유에 비해 발화점이 높은 탓이다. 심지 전체에 불을 붙이는 데는 10초가량 라이터를 대고 있어야 했다.

심지를 연소기 위에 얹고 내장된 펌프와 팬을 돌리는 스위치를 켰다. 그러자 불이 본격적으로 타오르면서 연기는 사라졌다. "연기는 불완전 연소 때문에 생기는데, 연소 때 가열된 공기가 연소기 안에서 순환하면서 연소기 내부 온도를 상승시키고, 미연소된 가스가 높은 온도의 연소구를 지나가면서 완전 연소

되는 구조로 연기를 잡은 겁니다." 옆에서 지켜보던 제품 개발자 윤성완 이사의 설명이다.

촛불
LED 램프

그는 무역 일로 2005년 도미니카공화국을 방문했다가 개발도상국에서 많이 재배되는 식물에서 짠 기름을 그대로 연료로 쓸 수 있는 조리용 스토브가 필요하겠다는 생각에 연구를 시작했다고 한다. 그 이후 여러 차례 시행착오를 거치며 보완을 거듭한 끝에 2015년 지금의 제품을 완성했다. 이 제품은 같은 해 핀업디자인공모전에서 쿠킹스토브 부분 금상을 수상했고, 2016년 국제아이디어공모전IDEA에서는 스토브로는 유일하게 수상(은상) 작품이 되었다.

옛날 석유곤로가 외부 에너지 공급 없이 사용할 수 있었던 반면 플린트 쿡스토브는 펌프와 팬을 돌리는 데 10와트의 전기가 필요하다. 쿡스토브에 들어간 전기는 윤성완 이사가 연결해준 배터리를 통해 공급되었다. 적은 양이지만 전기가 필요하다는 점이 아직 전기 보급률이 낮은 개발도상국의 저개발 지역 보급에 걸림돌이 되지 않을까? 스토브 위에 냄비를 올려 물을 끓

쉐어라이트는 밤에 적당한 조명이 없어 공부하기 어려운 저개발국 오지 어린이들에게 제공하기 위해 촛불 LED 램프를 개발했다.

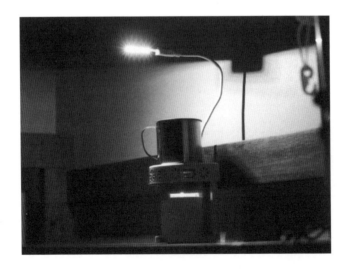

이며 이런 의문을 제기하자 "유엔재단에서는 2020년까지 개도국에 클린 쿡스토브 1억 대를 보급하는 것을 목표로 잡고 있어서, 에너지를 약간 사용하더라도 효율이 높은 제품 개발도 권장하고 있다. 전압을 개도국 가정에서 많이 쓰는 12볼트 배터리에 맞춰 놔서 문제는 없을 것"이라는 대답이 돌아왔다.

다음 날은 집에서 사단법인 쉐어라이트에서 미리 받아둔 상자를 열어 체험용으로 받아둔 촛불 LED 램프를 꺼냈다. 전시장에서 만난 이 법인 황순영 이사가 "LED칩 전문제조업체인 세미콘라이트가 B급 판정을 받아 폐기되는 칩을 재활용해 전기가 없는 오지 어린이들의 책상을 밝혀주려고 개발했다"고 설명했던 제품이다. 쉐어라이트는 이 제품의 제작·보급을 사업목표로 하는 비영리법인으로 2016년 10월에 설립되었다.

촛불 LED 램프는 서로 다른 금속을 접합해 구성한 회로의 두 접점에 온도 차를 주면 전기가 발생하는 현상인 '제백 효과'를 이용한 제품이다. 에너지 대부분이 열로 소모되어 조명으로는 비효율적인 촛불의 열을 전기로 바꾼 뒤 다시 LED 빛으로 바꿔 밝기를 100배가량 증폭시킨다는 게 업체의 설명이었다. LED 램프 세트는 USB케이블에 연결된 발광소자 5개짜리 LED칩, 제백 효과를 내는 열전소자가 장착된 본체, 납작한 티캔들을 올려놓도록 만들어진 양초 스탠드, 스테인리스컵, 12그램짜리 티캔들 10개가 든 양초 상자로 구성되었다.

설명서대로 LED USB케이블을 본체에 끼워서 아래쪽을 비추도록 모양을 잡아 책상 위에 올려놓은 다음 스테인리스컵에 물을 받아왔다. 티캔들에 라이터로 불을 붙인 뒤 양초 스탠드 위에 얹고 방의 조명을 껐다. 눈이 갑자기 어두워진 환경에 적응하기를 기다렸다가 양초 스탠드를 램프 본체에 끼운 뒤 물이 담긴 스테인리스컵을 본체 위에 올렸다. 물이 담긴 금속컵은 촛불로 달구어지는 열전소자 아래쪽과 위쪽 사이의 온도 차를 크게 만들어 더 센 전기를 얻기 위한 도구다. 10여 초 정도 지나자 LED USB칩이 빛을 내기 시작하며 점차 책상 위가 환해졌다.

3분쯤 지나 밝기가 더 증가하지 않는 한계점에 도달한 것 같아 LED USB케이블을 발광부가 책상에서 30센티미터 높이가 되도록 올렸다. 꽤 괜찮은 독서용 스탠드가 되었다. 책상 위에 며칠 전부터 시작한 책을 펼치고 한참 읽는 동안 조명이 독서에 불편하다는 느낌은 들지 않았다. 책을 덮기 전 책 위에 조도측정 앱을 켠 스마트폰을 올려놓고 조도를 재보았다. 독서에 적당한 범위인 200룩스를 웃돌았다.

본체와 양초 스탠드 사이로 발갛게 비치는 촛불을 보며 40여 년 전 초등학교 시절을 떠올렸다. 내가 자란 강원도 산골 마을에는 전기가 늦게 들어왔다. 어두운 호롱불 아래서 밤까지 미룰 숙제도 텔레비전도 없는 소년은 종종 초저녁부터 잠이 들었다. 그러다가 가끔 낮에 놀다 미루어둔 숙제라도 꺼내는 밤이면 할

머니는 타다만 양초를 내주셨다. 제사를 지낼 때 켰던 것들이다. 석유를 아끼려고 심지를 낮춰 더욱 침침한 호롱불 불빛에 적응되어 있던 소년의 눈에 촛불은 정말 환했다. 조그만 접시에 초를 세워 방바닥에 놓고 엎드려 숙제를 하다가 '찌르르' 하는 소리와 노린내에 깜짝 놀란 적이 더러 있었다. 갑자기 졸음이 쏟아지면서 머리가 숙여져 촛불에 머리카락이 그슬린 것이다. 그런 소년에게 누군가 촛불 LED 램프를 건네주었다면 얼마나 놀라운 일이었을까.

알파고 시대의
적정기술

40여 년 전 강원도 산골 소년의 밤이 지구촌의 많은 저개발국 어린이들에게 지금도 이어지고 있다. 수십 킬로미터를 걸어 물을 길어오고 땔감을 주워오느라 낮을 써버리고, 글을 읽을 불빛이 없어 밤까지 빼앗기는 어린이들에게 당장 전기가 연결되기는 쉽지 않다. 저개발국에서도 구하기 어렵지 않은 양초를 이용한 LED 램프는 이들을 위한 적정기술 제품으로 손색이 없어 보였다.

　적정기술이 필요한 사람들은 저개발국뿐 아니라 국내에도

있다. 단칸방에서 전기장판 한 장으로 겨울을 나는 홀몸노인이 그런 이들이다. 서울대학교 적정기술 동아리인 '기술나눔단 VESS'는 난방텐트 전문업체 '바이맘'의 도움을 받아 이런 이들에게 초점을 맞춘 난방텐트를 개발 중이다. 기존 난방텐트들이 모든 살림살이가 들어찬 좁은 단칸방에는 너무 크고, 자주 설치하고 해체하기 불편해 어르신들이 사용하기에 부담스러운 점을 해결하겠다고 나선 것이다.

　적정기술이 꼭 어려운 이웃만을 위한 기술인 것은 아니다. 저비용 · 저에너지 · 환경친화적일 것을 요구하는 속성 때문에 선진국은 물론 국내에도 소박한 삶과 대안적 삶을 추구하는 수단으로 적정기술에 주목해온 모임과 사람들이 적지 않다. 전통적인 구들의 구조를 빌린 부넘기 화덕 등 다양한 적정기술 제품 제작 기술을 개발 · 보급하고 있는 전환기술사회적협동조합, 생태적 적정기술 정보와 경험의 공유를 내건 흙부대생활기술네트워크 등에서 활동하는 사람들이 그런 이들이다. 네이버의 흙부대생활기술네트워크 카페는 즐겨 찾는 회원만 1만 명이 넘는다. 최근 대안농업으로 떠오르고 있는 퍼머컬처운동, 공동체 구성원들이 각자 필요한 것을 제작 기술을 공유하며 직접 만들어 쓰자는 제작자운동 등도 적정기술과 연결된다. 첨단기술 알파고의 시대임에도 적정기술의 저변은 오히려 확대되고 있는 셈이다.

　　　　적정기술

적정기술은 40여 년 전 경제학자 에른스트 프리드리히 슈마허의『작은 것이 아름답다』에서 제시한 '중간기술'에 뿌리를 대고 있다. 새로운 개념과 용어가 수시로 등장했다가 또 다른 새로운 개념과 용어에 밀려나는 시대다. 이처럼 급속한 변화 속에서 적정기술은 알파고 시대 첨단기술과는 거리가 먼 낡은 기술이라는 느낌을 주기도 한다. 적정기술을 지향한다는 사람 가운데 스스로 "첨단기술은 적정기술이 될 수 없다"고 주장하는 이도 있다.

하지만 대부분의 적정기술 전문가들은 첨단기술도 적정기술의 일부로 적극 받아들여야 한다는 데 동의한다. 적정기술 관련 국내외 전문가들이 참가한 가운데 서울대학교에서 열린 적정기술 국제 콘퍼런스의 주제로 'ICT 융합과 함께하는 적정기술'이 내걸린 것이 그것을 방증한다. 적정기술학회가 주목받는 적정기술로 추천한 10가지 가운데 2가지가 첨단 정보통신기술에 바탕을 두고 있다는 점도 그렇다.

윤제용 적정기술학회장(서울대학교 화학생물공학부 교수)은 "적정기술을 한다는 분 중에도 '첨단기술 냄새가 난다'며 ICT를 싫어하는 분들이 있는데, 그건 기술낭만주의다. 과학기술 소외층에게 주어진 여러 가지 환경 속에서 가장 적절한 기술을 제공하는 데 자연과학적 분류상의 어떤 기술은 쓰면 안 된다고 하는 것은 맞지 않다"고 말했다.

적정기술을 이용한 사회공헌에 뜻을 모은 과학기술자들이 2009년 창립한 국경없는과학기술자회 독고석 회장(단국대학교 토목환경공학과 교수)은 "몽골의 사막에 사는 사람들도 휴대전화를 다 가지고 있다. 아프리카에서 눈 질환이 있는 사람이 휴대전화로 안구를 찍어 올리면 외국에 있는 의사가 처방해서 약을 보내주는 기술들이 이미 나와 있다. 점점 싸지는 정보통신기술을 적정기술에 더 접목해야 한다"고 강조했다.

흙부대생활기술네트워크 카페 주인장 김성원도 "무조건 싸야 적정기술이라는 사람도 있고, 심지어 가위만 갖고 만들 수 있어야 적정기술이라고 하는 사람까지 있다. 적정기술의 기본 철학을 복잡한 현실에서 교조적으로 해석해 이해하는 것은 문제"라고 말했다.

적정기술에 대한 학계의 관심은 더욱 높아지고 있다. 한밭대학교, 서울대학교, 포항공과대학교, 서강대학교, 한국기술교육대학교 등 적정기술을 주제로 한 강의를 개설하는 학교가 늘면서 적정기술 과목의 교환 강의도 시도되고 있다. 적정기술 강의를 더 많은 대학으로 확대하기 위한 커리큘럼 개발도 한국연구재단 지원으로 시작되었다.

무엇보다 주목되는 것은 2015년 이루어진 적정기술학회 창립이다. 적정기술을 내건 학회 창립은 세계에서 처음이다. 윤제용 학회장은 "교수들이 연구실에서 하는 연구와 (적정기술을 이용한) 봉사가 분리되어 적정기술은 교수들이 자기네 시간의 일부를 할애하는 식으로 해온 것이 발전의 걸림돌이었는데, 학회가 만들어져 그런 활동들이 모두 학술활동이 되었다"며 한국에서 펼쳐질 적정기술의 르네상스를 예고했다.

플라스틱

지구는 플라스틱 행성이 되어간다

'해양 플라스틱 쓰레기와
마이크로 플라스틱'

빌 브라이슨이 『거의 모든 것의 역사』에서 말했던 것처럼 지구 나이 45억 년을 하루로 치면 인류가 원시 상태에서 벗어나 문명을 일궈온 시간은 자정 직전 몇 초에 지나지 않는다. 그 짧은 시간 육지는 엄청난 변화를 겪었다. 인간은 숲과 들판을 마을과 농장으로 바꾸고, 산을 깎고 강을 막아 길을 열었다. 모여 사는 도시의 땅은 온통 콘크리트와 아스팔트로 뒤덮었다. 인간의 손을 타지 않은 자연 그대로의 모습은 육지에서 찾기 어렵게 되었다.

바다는 어떨까? 지구 표면의 70퍼센트를 덮고 있는 바다 가운데 인간의 손길로 모습이 바뀐 곳은 육지와 접하는 가장자리에 불과하다. 과거에 상상할 수 없었던 크고 많은 선박이 사람과 화물을 싣고 바다 위를 분주히 오가지만 지나는 항로는 정해져 있다. 미국 해양대기청은 바다의 95퍼센트는 아직 탐사조차 이루어지지 않았다고 설명한다. 육지와 달리 심연의 바다는 여전히 인간에게 미지의 세계로 남아 있는 셈이다.

그렇다고 지금의 바다가 원시인들이 바라보았던 바다와 다를 바 없다고 생각하면 잘못이다. 피서철 해수욕장을 찾는 사람들이 뛰어드는 바닷물에는 100여 년 전에는 세상에 존재하지도 않은 물질이 들어 있다. 인간이 섞어 넣은 작은 플라스틱 알갱이들이다. 플라스틱은 인간이 사용하는 제품 가운데 안 들어간 곳이 없을 정도로 다양한 용도에 쓰이고 버려진다. 유엔환경계획이 2016년 5월 펴낸 보고서 '해양 플라스틱 쓰레기와 마이크로 플라스틱'을 보면, 2010년에만 최소 480만 톤에서 최대 1,270만 톤이 바다로 흘러들어갔다고 하니 해수욕을 하다 플라스틱 쓰레기를 만나는 것이 특별할 것은 없다. 문제는 '마이크로 플라스틱'이라 불리는 특별히 작은 '미세플라스틱'의 광범

위한 분포다.

과학계가 미세플라스틱에 주목한 지는 그리 오래되지 않아, 지금까지 주로 조사된 곳은 주변 인구가 많고 산업 활동이 활발한 북반구의 바다 표층이다. 그럼에도 전문가들은 미세플라스틱이 지구의 모든 바다에 존재할 것이라는 데 이견을 달지 않는다. 한국해양과학기술원의 미세플라스틱 연구를 이끌고 있는 홍상희 책임연구원은 이렇게 말했다. "미세플라스틱은 북극이나 남극 바닷물에서도 나오고, 사람 활동이 전혀 없는 섬 주변에서도 나옵니다. 문제는 밀도가 얼마나 되느냐일 뿐 전 지구적으로 발견되고 있다고 보면 됩니다."

해양쓰레기 전문가인 한국해양쓰레기연구소 이종명 소장은 "전 세계 바다에 다 있다는 것은 상식적인 이야기"라고 말했다. 유엔환경계획과 식량농업기구 등 유엔 산하기구의 해양환경 자문 전문가그룹GESAMP이 2015년 미세플라스틱 오염 실태를 평가한 보고서 '해양환경 속 미세플라스틱의 발생원, 운명 그리고 영향'에서 "밀도는 지역적으로 상당히 편차가 있지만, 조사가 이루어진 모든 곳에 존재하고 있었다"고 밝힌 것도 이런 추정을 뒷받침한다.

미세플라스틱 가운데 밀도가 높은 것들은 바닷물에 오래 떠 있지 못하고 일찍 표층 아래로 가라앉는다. 밀도가 낮아 상대적으로 부력이 큰 미세플라스틱들도 시간이 흐르면서 다양한 유기·무기 물질들이 달라붙어 무거워지면 점점 바닷속 깊이 내려가게 된다. 그 결과 인간은 깊은 바닷물 속뿐 아니라 수천 미터 해저까지 골고루 자신의 지문을 남길 수 있었다. 인류가 플라스틱을 대량생산하기 시작한 것이 1950년대인 것을 감안하면, 지구의 시간으로 '찰나'라고 할 60여 년 만에 이루어낸 '위업(?)'이다.

'우리가 먹는
해산물 속 플라스틱'

길이 5밀리미터 이하의 플라스틱으로 정의되는 미세플라스틱은 발생원에 따라 두 종류로 구분된다. 처음부터 작은 크기로 만들어져 피부관리용품 등에 사용된 뒤 하수도를 통해 배출된 1차 미세플라스틱과 바다로 들어온 플라스틱 쓰레기들이 자외선과 바람, 파도의 힘으로 부서지면서 만들어진 2차 미세플라스틱이다. 이들은 대부분 맨눈으로는 잘 보이지 않을 정도로 작고, 처음에는 보였던 것들도 시간이 흐르면서 마이크로미터㎛ (100만 분의 1미터)와 나노미터 크기까지 쪼개져 결국은 보이지 않게 된다. 어떤 외계 생명체가 지구를 방문해 바다를 조사한다면 플라스틱을 바닷물에 '떠 있는' 쓰레기가 아니라 바닷물에

'함유된' 미량 물질 가운데 하나로 기록할 수도 있게 된 것이다.

전 세계에서 이어지고 있는 해양생물 속 미세플라스틱 검출 소식은 미세플라스틱이 생태계에 떠도는 우연한 이물질이 아니라 구성 요소가 된 듯한 느낌마저 준다. 앞서 언급한 전문가그룹의 보고서와 환경단체 그린피스가 2017년 7월 발표한 '우리가 먹는 해산물 속 플라스틱' 보고서를 보면, 미세플라스틱은 바다 생태계의 기초인 동물성 플랑크톤에서부터 갯지렁이, 새우, 게, 가재, 작은 청어에서 대구와 참다랑어 등의 대형 어류에 이르는 다양한 생물종에서 발견되었다.

바다생물들이 미세플라스틱을 먹이로 착각해 먹고 있을 뿐 아니라 먹이사슬을 통해 이동하고 있음을 보여주는 결과다. 어떤 생물들에게 먹이를 착각한 '사고'일 뿐인 미세플라스틱 섭취가 어떤 생물들에게는 알아도 피할 수 없는 '숙명'이다. 홍합이나 굴과 같이 바닷물을 빨아들여 그 속의 영양물질을 걸러 먹고 살아가는 생물종이 그런 경우다. 길이 40마이크로미터 이하의 작은 미세플라스틱에는 물고기들도 속수무책이다. 이런 크기는 호흡할 때 아가미를 그대로 통과해 체내로 들어갈 수 있다는 것이 과학자들의 설명이다.

해양생물의 체내에 들어간 미세플라스틱 가운데 나노미터 수준의 작은 것은 세포벽을 통과해 조직 내부까지 들어갈 수도 있는 것으로 파악되었다. 하지만 대부분은 소화기관에 머물다 한국해양과학기술원 연구팀이 남해 연안에서 미세플라스틱을 조사하는 모습이다. 플랑크톤 채집용 그물을 선박 뒤에 달고 수면에서 수심 20~30센티미터의 표층을 훑는다.

한국해양과학기술원 제공

체내로 배설된다. 따라서 대개 내장을 제거하고 먹는 물고기를 통해서 인간이 미세플라스틱에 노출될 가능성은 높지 않다. 반면 내장까지 통째로 먹는 홍합이나 굴, 새우 등의 섭취를 통해 노출될 가능성은 배제할 수 없다. 유럽에서는 평균적 유럽인이 홍합과 굴 섭취를 통해서만 해마다 1만 1,000개의 미세플라스틱을 섭취할 수 있다는 연구 결과가 제시된 바 있고, 중국에서는 소금에서 미세플라스틱이 검출되기도 했다.

우리나라 주변 바다에서 생산되는 수산물의 미세플라스틱 오염 실태는 아직 조사 결과가 발표된 바 없다. 다만 우리와 바다를 공유하는 중국 사례와 양식장에서 많이 쓰이는 스티로폼 부이에서 주로 기인한 연안의 높은 미세플라스틱 오염도를 고려하면 꽤 높은 수준일 것으로 짐작된다. 홍상희 책임연구원은 "우리 남해안의 부유 미세플라스틱 밀도는 길이 330마이크로미터 이상 5밀리미터 이하 크기 기준으로 보았을 때 미국 연안과 태평양 쓰레기 수렴지대보다는 낮지만 포르투갈 연안, 북서 지중해, 베링해 등 유럽 연안보다는 높은 수준이다. 특히 거제 동부 연안 같은 곳은 바닷물 1세제곱미터에 평균 24.7개가 관찰되어 평균값으로 보면 세계적으로 가장 높은 농도에 해당한다고 해도 과언이 아니다"라고 말했다.

사람의 체내로 들어온 미세플라스틱이 인체 건강에 어떤 영향을 끼치는지에 대해서는 과학자들도 확실한 결론을 내리지 못하고 있다. 아직 충분한 연구 결과가 쌓이지 않았기 때문이다. 그럼에도 우려는 높아지고 있다. 미세플라스틱이 제조 과정에 첨가된 다양한 유해화학물질뿐 아니라 물속에 녹아 있는 다른 유해물질까지 끌어당겨 흡착하고 있을 수 있기 때문이다. 몸속에 들어온 미세플라스틱이 체외로 배출되어도 플라스틱에 함유되어 있던 이 유해물질은 체내에 흡수되어 축적될 위험이 있다. 유엔환경계획은 2016년 5월 발표한 보고서에서 "마이크로플라스틱보다 작은 나노플라스틱은 태반과 뇌를 포함한 모든 기관 속으로 침투할 수도 있다"는 연구 결과를 소개하면서 나노플라스틱이 조직과 세포 속으로 이동한 이후의 위험을 '블랙박스'로 표현했다.

이산화탄소 농도가
높아졌다

이에 따라 그린피스를 비롯한 환경단체들은 예방적 차원에서 각국 정부에 제품에 사용되는 미세플라스틱 알갱이인 '마이크로비즈microbeads'의 해양 유입을 막는 조처를 요구하고 있다. 실제 대책 마련에 나서는 나라들도 있다. 그린피스가 2016년 7월까지 조사해 발표한 것을 보면, 미국에서는 2015년 말 마이크로비즈를 함유한 세정용 제품의 판매를 금지하는 '마이크로비즈 청정해역법'이 통과되었다. 캐나다·타이완·영국·오스트레일리아에서도 마이크로비즈 규제 법안을 도입할 계획이라는 발표가 나왔고, 유럽에서는 유럽연합 전체에 적용될 마이크로비즈 규제안이 추진되고 있다. 하지만 우리나라에서는 아직 별다른 움직임을 보이지 않고 있다.

미세플라스틱보다 오래전부터 근본적으로 바다를 바꾸어 놓고 있는 것은 인간이 만들어내는 이산화탄소다. 지구에서 이산화탄소는 탄소의 연소와 동물의 호흡 등을 통해 대기 중으로 배출되었다가 바다에 흡수되거나 식물의 광합성을 통해 탄소로 고정되는 과정을 반복하며 순환한다. 이런 순환을 통해 과거 1만여 년 동안 지구 대기의 이산화탄소 평균 농도는 260~280ppm 선에서 균형을 이루었다. 이 균형이 인류가 산업혁명 이후 화석연료 사용량을 계속 늘리면서 깨어져 이산화탄소 평균 농도는 2015년 400ppm을 넘었다. 화석연료에서 빠져나온 이산화탄소가 미처 갈 곳을 찾지 못하고 대기 중에 누적되며 일으킨 온실효과로 지구의 온도는 계속 상승해왔다. 대기 중 이산화탄소 농도가 높아지면서 바다에 흡수되는 양도 점차 증가해왔다.

이산화탄소와 바닷물은 서로 결합하면서 물속에 수소이온(H^+)을 내놓게 된다. 과학자들이 조사해본 결과, 약 3억 년 전부터 산업혁명 전까지 수소이온농도지수(페하) 8.2의 약알칼리성

플라스틱

상태를 유지해온 바다 표층의 페하는 현재 8.1까지 내려간 상태다. 중성(pH7) 쪽으로 근접하면서 본래의 알칼리성이 약해진 것이다. 인류가 현재 추세대로 이산화탄소를 계속 배출한다면 페하는 세기말까지 0.3~0.32가량 더 떨어질 것이라는 게 과학계의 진단이다. 바닷물의 산도가 100~109퍼센트쯤 더 높아진다는 이야기다.

바닷물의 산도가 높아지면 우선 탄산칼슘$CaCO_3$ 성분으로 골격이나 껍질을 만들어 살아가는 산호나 패각류 등 다양한 바닷속 생물들이 번식과 성장에 어려움을 겪게 된다. 알칼리성인 탄산칼슘 성분이 산도가 높은 물에서 잘 녹기 때문이다. 산성화는 수온 증가와 상승효과를 일으키면서 이미 세계 최대의 산호 군락지인 대보초Great Barrier Reef를 황폐화시키고 있는 주범으로 지목되고 있다.

과학자들은 앞으로 진행될 산성화는 어느 정도 예측하지만, 산성화가 구체적인 생물종과 생태계를 어떻게 변화시킬지는 충분히 이해하지 못하고 있다. 산성화가 생물들이 적응할 틈없이 급속하게 진행되면서 이미 바닷속에서는 과학자들도 예상치 못한 일들이 벌어지고 있다. 해양 생태계의 기초인 동물성 플랑크톤류의 부화율이 낮아지고, 홍합이나 고둥류는 수면 근처 바위에 예전처럼 강하게 달라붙지 못하고 잘 떨어지는 것으로 관찰되었다. 물고기들의 후각과 청각 등 감각기관이 약화되

고, 포식자를 겁내지 않고 대담하게 다가가는 등의 이상행동을
한다는 연구 결과도 보고되었다.

니모를
찾아서

산성화가 디즈니 애니메이션 〈니모를 찾아서〉를 통해 사람들
에게 잘 알려진 해양생물의 공생관계를 파괴할 것이라는 분석
도 있다. 말미잘의 촉수 독에 면역이 되어 있는 어린 광대물고
기(흰동가리)는 위험이 닥치면 말미잘의 촉수 속으로 숨고, 말미
잘에게 보호의 대가로 먹이를 유인해주며 공생한다. 오스트레
일리아 애들레이드대학의 연구자들은 2016년 6월 말 학술지
『왕립학회보B』에 세기말에 예상되는 바닷물 수소이온농도지
수 조건에서는 어린 물고기들이 자신들이 보호받을 수 있는 해
파리 근처에서 보내는 시간이 3배가량 짧아진다고 보고했다.
이런 변화들은 모두 해당 생물종의 생존율 저하로 이어져, 복잡
하게 얽혀 있는 해양 생태계에 회복 불가능한 혼란을 초래할 수
있다는 것이 전문가들의 지적이다.
　　바닷물 산성화 속도는 지역별로 다르게 나타나 우리나라
동해의 울릉분지와 경북 포항·울진 앞바다 등 용승 해역(심층

의 해수가 표층으로 올라오는 해역)에서는 세계 평균보다 2배 이상 빠르게 진행되고 있다는 연구 결과도 있다. 한국해양과학기술원의 '해양 산성화에 의한 연안 생태계 영향 진단과 예측 연구' 프로젝트를 총괄해온 김동성 박사는 "연안 해역의 바닷물 산성화에는 수온 상승, 유해물질, 빈산소(저산소) 등이 복합적으로 작용해 우리나라 주변과 같은 반폐쇄 해역은 특히 예측하기 어려운 '핫스팟'으로 꼽힌다"고 말했다.

인류가 촉발한 바다 환경의 급속한 변화는 이미 시위를 떠난 화살이다. 해양환경 자문 전문가그룹은 인간이 설령 플라스틱을 배출하는 것을 즉각 중단한다고 하더라도 바닷물 속의 미세플라스틱은 여전히 증가할 것으로 예상했다. 이미 바닷속에 들어간 플라스틱 쓰레기들이 점점 작은 조각으로 계속 쪼개질 것이기 때문이다. 이들은 "미세플라스틱을 대규모로 제거하는 비용효과적인 기술적 해결책은 가능하지 않으며, 플라스틱과 미세플라스틱을 계속 바다로 들어가게 하는 한 어떤 대응책도 효과가 없을 것"이라고 결론지었다.

산성화 억제도 마찬가지다. 국제사회가 온실가스 감축에 성공하는 최선의 온실가스 배출 시나리오에서도 세기말까지 바닷물은 현재 수준보다는 15~17퍼센트 더 산성화될 것이라는 게 기후변화정부간협의체의 결론이다. 해양환경 자문 전문가 그룹의 보고서 작성에 참여한 한국해양과학기술원 심원준 박사는 "인간은 지구 전체 역사로 보면 정말 찰나의 순간에 지구를 현 상태로 만들었다. 산업혁명 이후 인류에 의해 환경에 가해진 일들을 보면 앞으로 남은 지구의 미래인 50억 년은 참으로 암담하게 그려진다"고 말했다.

플라스틱

멸종

생물종을 어디까지 복원할 수 있을까?

세계자연보전연맹의 '적색 목록'

아프리카 케냐 중부의 올페제타 보호지역에는 무장 경비원의 24시간 특별 경호를 받으며 살아가는 코뿔소 3마리가 있다. '수단'이라는 이름의 44세의 수컷, 28세의 암컷인 '나진'과 17세인 '파투'는 2017년 현재 지구에 남은 마지막 북부흰코뿔소들이다. 남부흰코뿔소와 함께 흰코뿔소의 두 아종亞種 가운데 하나인 이들의 동족은 뿔을 탐낸 인간에 의해 모두 사라졌다.

이들은 체코의 한 동물원에서 살다 2009년 케냐로 왔다. 북부흰코뿔소를 멸종에서 구하려는 인간들이 좀더 자연스런 환경이 이들의 번식에 도움이 될 것으로 기대하며 옮겨준 것이다. 하지만 이런 시도는 성공하지 못했다. 수단은 이미 너무 늙은데다 정액 속의 정자 수도 너무 적어 암컷을 자연 임신시키기는 어려운 상태가 되었다. 인공 증식의 도움을 받지 않고는 북부흰코뿔소라는 생물종이 지구에서 사라지는 것은 시간문제다.

멕시코의 캘리포니아만 북쪽 바다는 세계자연보전연맹 IUCN이 1996년 이후 계속 '위급한 멸종 위험CR' 상태에 있다고 분류한 바키타돌고래의 유일한 서식지다. 세계 해양생물 전문가로 구성된 국제바키타복원위원회CIRVA는 2017년 2월 공식 발표한 보고서에서 바키타 개체수가 2015년 이후 절반 가까이 줄어 30마리 안팎밖에 남지 않았다고 밝혔다. 어민들이 쳐놓은 불법 자망에 걸려 희생되는 사례가 거듭된 결과다. 전문가들은 캘리포니아만 북부에서 자망 판매를 금지하는 등의 강력한 보호 조처 없이는 바키타가 곧 멸종에 이를 수 있다고 본다.

이 두 생물종의 사례는 안타깝지만 특별한 것은 아니다. 많은 생물종이 이미 이렇게 사라졌거나 지금도 같은 운명을 따르고 있다. 지구에서 살아가는 야생생물종의 멸종 위험 정도를 평가한 세계자연보전연맹의 '적색 목록Red List'은 이런 상황을 잘 보여준다.

포유류·조류·어류·파충류·양서류·절지동물·식물 등 7만 1,576종을 평가한 2014년 6월 적색 목록을 보면, 멸종 위험에 '취약vu' 상태인 생물종이 1만 549종(14.7퍼센트), '멸종 위험en' 단계의 생물종이 6,451종(9퍼센트), '위급한 멸종 위험 cr'에 놓여 있는 생물종이 4,286종(6퍼센트)이었다. 세 단계를 모두 합한 멸종위기종은 2만 1,286종, 29.7퍼센트였다. 이미 '멸종ex' 되었거나 '야생에서 멸종ew' 상태로 판정된 종은 1.1퍼센트인 800종으로 집계되었다.

반면 2017년 3월 현재 업데이트된 적색 목록을 보면, 적절한 조사 자료가 있는 생물종 7만 1,891종 가운데 멸종 위험에 '취약' 상태인 생물종은 1만 1,316종(15.7퍼센트), 실제 '멸종 위험' 상태인 생물종은 7,781종(10.8퍼센트), '위급한 멸종 위험'에 놓인 생물종은 5,210종(7.2퍼센트)이다. 이들 3개 범주를 모두 포함한 멸종위기종은 평가대상의 33.8퍼센트인 2만 4,307종에 이른다. '멸종' 되었거나 '야생에서 멸종' 상태로 판정된 종은 1.3퍼센트인 928종이다. 지구의 시계로 보면 '찰나' 일 만 3년도 안 되는 시간에 3,021종이 새로 멸종 위기 단계로 떨어졌고, 완전히 멸종되었거나 야생에서 멸종된 것으로 평가된 생물종이 128종이나 추가된 것이다.

생물종을 멸종으로 몰아가는 요인은 다양하고 종마다 다

를 수 있다. 하지만 최근 과학자들이 지구 역사상 6번째 대멸종을 경고할 만큼 종을 가리지 않고 높아지는 멸종 위협의 배후에는 예외 없이 인간이 있다. 북부흰코뿔소와 바키타돌고래의 사례가 잘 보여주는 밀렵과 남획, 무분별한 개발에 의한 서식지 파괴와 환경오염 등이 그런 경우다. 특히 인간이 온실가스를 배출해 급속히 진행시키는 지구온난화와 기후변화는 모든 지구 생물종에 공통된 위협이다.

멸종위기 야생 동식물
국제 교역에 관한 협약

인간이 이처럼 생물들을 멸종 위기로 몰아가는 다른 한편에선 미약하나마 멸종을 막기 위한 노력도 펼쳐졌다. 1948년 지구 자연환경을 지키기 위한 세계자연보전연맹이 유엔의 지원으로 만들어져 활동을 시작했고, 1973년에는 멸종 위기를 부채질하는 야생동식물 불법 채취와 밀렵을 억제하기 위한 '멸종위기 야생 동식물 국제 교역에 관한 협약CITES'이 채택되었다. 세계 자연기금WWF과 같은 환경단체들의 멸종위기종 보호, 핵심 서식지 보전 등 생물 다양성 보전을 위한 활동도 활발하다.

생물 다양성 보전을 목표로 한 다양한 활동 가운데 특정 생물종을 멸종에서 구하기 위한 마지막 수단으로 종종 사용되는 것이 '보전이입Conservation translocation'이다. 재강화reinforcement, 재도입Reintroduction, 보전도입Conservation introduction 등의 방식으로 생물종을 인위적으로 옮겨놓는 것이다. 세계자연보전연맹의 '재도입 및 기타 보전이입 가이드라인'을 보면, 재강화는 멸종 위기에 놓인 개체군에 같은 종의 개체를 추가해 개체군의 존속 가능성을 높이는 것을, 재도입은 특정 개체군이 이미 사라진 서식지에 다른 지역이나 인공 증식 등을 통해 확보한 같은 종의 개체를 풀어놓아 개체군을 복원하는 것을 의미한다.

두 방식 모두 보전대상 생물종을 현재나 과거의 서식지로 이동시키는 것인 반면, 보전도입은 애초 서식지가 아닌 곳으로 옮겨 서식지를 확대하거나 생태적 기능을 회복시키는 것을 목표로 한다는 점에서 차이가 있다. 중국의 따오기 복원사업, 우리나라 지리산에서 2004년부터 본격 시작된 반달가슴곰 종복원사업 등이 보전이입 방식의 멸종위기종 보전 활동의 예다.

하지만 실제 보전이입과 같은 인간의 적극적 개입을 통해 급박한 멸종 위험에서 한숨 돌릴 수 있는 단계로 옮겨간 생물종은 그리 많지 않다. 국가의 상징 동물이거나 생태적 가치뿐 아니라 문화적 가치가 높아 대중의 관심을 끈 소수만 적잖은 비용이 드는 그런 기회를 얻을 수 있었다. 미국 정부가 2007년 멸종 위기에서 벗어났다고 공식 선언한 흰머리독수리, 2016년 세계

독특한 긴부리와 대머리가 특징인 붉은뺨따오기와 온몸의 깃털이 흰색이고 날개 끝이 검은색인 댕기흰찌르레기는 세계자연보전연맹의 '적색 목록'에 포함되었다.

자연보전연맹 적색 목록이 멸종 위험 단계에서 취약 단계로 옮겨갔다고 재평가한 자이언트판다 등이 대표적이다.

보전이입 방식의 멸종위기종 보전 활동은 비교적 짧은 기간에 가시적인 성과를 보여줄 수도 있지만, 악화되는 서식 환경을 그대로 둔 상태에서는 한계가 있을 수밖에 없다. 그러다 보니 계획의 결정 단계는 물론 시행 과정에서도 종종 논란이 벌어진다. 세계자연보전연맹이 보전이입과 관련해 "생태 · 사회 · 경제에 부정적 리스크를 수반할 수 있기 때문에, 과거 절멸 사례의 원인이 되었던 위험 요소가 정확히 파악되어 제거되었거나 충분히 감소되었다는 명확한 증거가 있어야 한다. 불확실성이 높고 리스크가 크다고 판단될 경우 추진해서는 안 된다"는 내용의 '가이드라인'을 제시하고 있는 이유다.

멸종위기종 보존을 둘러싼 이런 담론 테이블에 얼마 전 새로운 논란거리가 더해졌다. 생물을 복제하는 수준을 넘어 인공 생명체를 창조하는 수준까지 접근한 생명공학 기술을 이용해 오래전 절멸된 생물종을 부활시키려는 움직임 때문이다.

이미 이런 방법을 통해 멸종된 뒤 잠시 돌아왔던 생물도 있다. 이베리아반도에 서식하는 이베리아 산양의 아종으로 2000년 멸종된 피레네 아이벡스가 그런 경우다. 스페인과 프랑스의 과학자들은 마지막 피레네 아이벡스의 귀 피부에서 분리한 체세포와 염소의 난자를 이용해 핵치환 복제 배아를 만든 뒤, 대리모인 염소의 자궁에 심어 2003년 피레네 아이벡스가 태어나게 하는 데 성공했다. 복제에 사용된 체세포 채취가 마지막 피레네 아이벡스가 죽기 1년 전 이루어져 멸종 전부터 준비된 복원 프로젝트였다는 한계가 있고, 복제된 개체가 선천적 폐이상으로 수 분만에 죽기는 했지만 멸종 동물이 부활한 첫 사례가 만들어진 것이다.

'매머펀트
프로젝트'

멸종된 동물을 대상으로 한 복원 작업은 북아메리카대륙 전역에 걸쳐 번성했던 여행비둘기, 어미가 수정란을 삼킨 뒤 위에서 부화시켜 기르다가 입으로 토해 출산하는 특성을 지닌 위부화개구리, 카스피해 서쪽 터키에서부터 동쪽으로 이란, 중국 서부 타클라마칸사막에 걸쳐 분포했던 카스피호랑이(페르시아호랑이), 빙하기까지 살았던 매머드 등을 대상으로도 시도되고 있다.

이들 가운데 특히 주목되는 것은 매머드다. 복원이 시도되고 있는 다른 동물들이 20세기 이후 비교적 최근에 멸종된 동물인데 반해, 매머드는 500만 년 전 지구에 나타나 4,500년 전 멸종한 대형동물이다. 영화 〈쥐라기공원〉에서 그려낸 공룡 복

멸종

원을 떠올리게 하는 시도인 것이다.

미국 하버드대학 의학대학원의 조지 처치 교수가 이끄는 연구팀은 2015년부터 시베리아 얼음 속에서 얻은 털매머드 신체 조직을 이용한 매머드 복제 프로젝트를 추진 중이다. 이들은 동결되어 있던 매머드의 조직에서 얻어낸 유전자 정보를 현존 생물 가운데 털매머드와 유전적으로 가장 가까운 아시아코끼리 유전체 안에 끼워 넣고 있다. 이것을 이용해 매머드의 핵심적 특징을 지닌 배아를 만든 뒤 인공자궁에 넣어 키우는 방식으로 매머드와 코끼리로 이루어졌다는 의미의 '매머펀트'를 만들어낼 계획이다. 이들은 유전체 편집 작업과 함께 생쥐 배아를 인공자궁에서 키우는 실험도 병행하고 있다.

처치 교수는 2017년 2월 열린 미국과학진흥협회AAAS 연례 회의 주제 발표에 앞서 과학전문지 『뉴사이언티스트』와 한 인터뷰에서 "우리는 이런 유전자 편집이 끼칠 영향을 평가하고 있으며, (매머드가 지닌) 작은 귀, 피하지방, 털과 혈액에 간여하는 유전자는 이미 알아냈다"며 "앞으로 2년 안에 코끼리와 매머드가 결합된 배아를 만들 수 있을 것"이라고 말했다.

처치 교수가 꿈꾸는 대로 눈 덮인 툰드라에 매머펀트가 걸어다니는 날이 올 수 있을까? 그렇게 되기 위해서는 기술적으로 가능한 단계에 도달했더라도 넘어야 할 산이 많다. 복원의 최종 목표가 복원한 종이 생태계의 일부로 자리 잡게 하는 것이라면, 무엇보다 개체군 존속에 필요한 유전적 다양성이 확보되어야 한다. 한두 마리 복제해 풀어놓는 방식으로 이 문제를 해결하기는 쉽지 않다.

달라진 서식 환경도 문제다. 어떤 생물종이 사라진 뒤 오랜 시간이 흐르면 생태계는 해당 종이 없는 상태로 안정화된다. 여기에 오래전 멸종한 생물종을 복원해 투입하는 것은 외래종을 풀어놓는 것이나 마찬가지일 수 있다. 생물종 보전 관련 전문가들이 멸종된 생물종 복원에 부정적이거나, 추진하더라도 멸종된 뒤 서식 환경이 크게 변화하지 않아 생태적 기능을 회복하기 쉬운 종에서 후보감을 찾아야 한다고 하는 이유다. 여하튼 매머드는 아니란 이야기다.

생물 다양성 보전에
효과가 없다

2014년 절멸종 복원을 둘러싼 논란을 다루기 위해 구성된 세계자연보전연맹 종생존위원회ssc 전문가 특별팀은 2년여의 논의 끝에 2016년 5월 절멸종의 대리생물Proxy을 만드는 데 적용할 가이드라인 초안을 내놨다. 생물 다양성 보존 전문기구가 절멸종 복원 가이드라인 마련에 나선 것은 절멸종 복원이 일부 모험적 생명공학자들에게 국한된 이야기만이 아님을 의미한다.

세계자연보전연맹의 가이드라인은 절멸종 복원에 매우 엄격한 기준을 제시하고 있다. 가이드라인은 절멸된 종 복원이 정당성을 가지려면, "도입하려는 생태계의 안전성이나 회복력을 증가시키거나 다른 종의 손실을 감소시키는 등 생태계 보전에 긍정적인 이점을 예상할 수 있어야 한다"고 밝혔다. "현존 생물 가운데 대체 생물을 찾아 이입시키는 것보다 비용이나 위험성 측면에서 우위에 있어야 할 것"도 요구한다. 또 "어떠한 절멸종 복원 시도도 직접적인 부정적 상호작용에 의해서든 간접적인 기회비용 측면에서든 현존 생물종을 멸종에 빠뜨릴 위험을 무릅쓰고 이루어져서는 안 된다"고 강조하고 있다. 매머드 복원이 이런 조건을 충족하기는 어려워 보인다.

설령 어디선가 이 가이드라인을 무시하고 복원에 성공했다 해도 생물종 다양성 보전 관점에서는 무의미한 일일 수 있다. 환경부 지정 멸종위기종 1급 어류 미호종개를 초저온 동결보존 생식줄기세포와 미꾸라지 대리모를 이용해 증식하는 데 성공했던 국립생물자원관 이승기 박사는 "매머드와 코끼리 유전체를 편집해 만들어진 생물의 겉모양이 매머드와 같더라도 실제 유전적으로 매머드와 동일한 생물일 수는 없고, 발생 단계에서 작용하는 후성 효과에 의해 코끼리와 예상치 못하게 뒤섞인 특질을 지니게 될 수 있다. 설령 만들어져도 야생으로 가지 못하고 보호시설에 갇혀 살아가야 할 것"이라고 말했다. 그렇게 만들어진 생물이 짝짓기해 생식 능력이 있는 후손을 낳을 수 있을지도 미지수다.

캐나다 칼턴대학 생물학과 조지프 베닛 교수와 뉴질랜드, 오스트레일리아 연구자들은 생물 다양성 보전에 들어가는 비용을 다양한 시나리오로 분석해 2017년 3월 『네이처 이콜로지 앤드 에볼루션』에 발표한 논문에서 "절멸된 종을 부활시켜 보존하는 데 자원을 쓰는 것은 현존 멸종위기종 보존에 자원을 쓰는 것보다 생물 다양성의 순손실을 초래하기 쉽다. 절멸된 종의 복원은 생물 다양성 보전 측면에서 정당화되기 어려울 수 있다"고 밝혔다. 이미 떠난 생물종은 안타깝지만 추억 속에 묻어두고 대신 아직 우리 옆에 남아 있는 위기의 생물종을 붙잡는 데 노력하는 것이 낫다는 이야기다.

미래와 과학

ⓒ 이근영 · 권오성 · 남종영 · 음성원 · 김정수, 2018

초판 1쇄 2018년 2월 12일 찍음
초판 1쇄 2018년 2월 20일 펴냄

지은이 | 이근영 · 권오성 · 남종영 · 음성원 · 김정수
펴낸이 | 강준우
기획 · 편집 | 박상문, 박효주, 김예진, 김환표
디자인 | 최원영
마케팅 | 이태준
관리 | 최수향
인쇄 · 제본 | 대정인쇄공사

펴낸곳 | 인물과사상사
출판등록 | 제17-204호 1998년 3월 11일

주소 | 04037 서울시 마포구 양화로7길 4(서교동) 2층
전화 | 02-325-6364
팩스 | 02-474-1413

www.inmul.co.kr | insa@inmul.co.kr

ISBN 978-89-5906-492-2 03400

값 15,000원

이 저작물의 내용을 쓰고자 할 때는 저작자와 인물과사상사의 허락을 받아야 합니다.
파손된 책은 바꾸어 드립니다.

이 도서의 국립중앙도서관 출판예정도서목록(CIP)은 서지정보유통지원시스템 홈페이지
(http://seoji.nl.go.kr)와 국가자료공동목록시스템(http://www.nl.go.kr/kolisnet)에서
이용하실 수 있습니다. (CIP제어번호: CIP2018003745)